Michel BOURGOIN

LA PARTICULE DE TEMPS

La flèche du temps de Vladimir Kush

© 2019, Bourgoin, Michel
Edition : Books on Demand,
12/14 rond-Point des Champs-Elysées, 75008 Paris
Impression : BoD - Books on Demand, Norderstedt, Allemagne
ISBN : 9782322190010
Dépôt légal : novembre 2019

Introduction

LA PARTICULE DE TEMPS

Une approche quantique du temps par
Michel BOURGOIN

(Les numéros entre parenthèses renvoient aux extraits
d'auteurs cités en fin d'ouvrage pages 137 à 153)

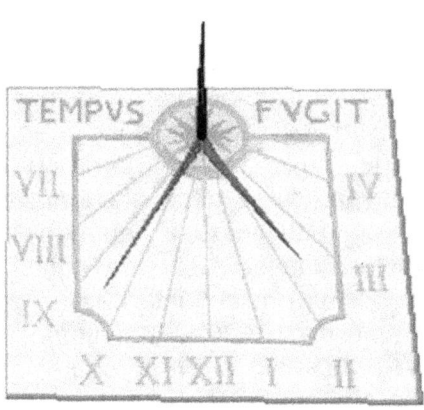

« Ne pas parler du temps serait passer sous silence
la clé de toute vie et du monde. »

Jean d'Ormesson
(*Un jour je m'en irai sans en avoir tout dit*)

Introduction

Quand j'étais étudiant, au tout début des années soixante, on nous enseignait qu'un atome était constitué d'un noyau réunissant un nombre précis de neutrons et de protons, avec des électrons qui gravitaient gentiment autour de lui sur des orbites bien définies : le fameux modèle « planétaire » qui a encore la vie dure. Les électrons étaient censés tourner autour de leur noyau à des distances bien déterminées correspondant à leurs niveaux d'énergie : rappelez-vous que l'on a longtemps dit que les électrons « sautaient » d'une orbite à l'autre en changeant de niveau d'énergie, avec émission ou absorption d'un photon, sans que personne ne puisse expliquer physiquement comment pouvait se faire ce saut. Cette vision de l'atome, correspondant au modèle de Niels Bohr, m'était encore enseignée en 1973 à l'Ecole Atomique. On dénombrait alors au total à peine une dizaine de particules dites élémentaires, dont les plus récentes étaient encore à l'époque le photon, le positron (l'antiparticule de l'électron dont l'existence a été prédite par le physicien britannique Paul Dirac en 1931 et observée en 1932) et le neutrino annoncé par Pauli en 1930 et observé en 1956 seulement. On nous enseignait que ce neutrino était censé avoir une masse nulle alors que maintenant on lui attribue une masse, certes très faible.

Toute la physique de ce 20ème siècle reposait sur la théorie de la relativité annoncée en 1905 par Einstein, sans oublier d'en attribuer une certaine paternité à notre génial Henri Poincaré qui l'avait aussi annoncée (il faut savoir que ce dernier avait publié en 1900 un article dans lequel il affirmait qu'un rayonnement pouvait être considéré comme un fluide d'une masse équivalente $m=E/c^2$!). Mais Einstein a été le seul à s'affranchir

Introduction

complètement de la notion d'éther, qui prévalait à cette époque, en présentant en 1915 sa relativité généralisée, base toujours actuelle de la physique nucléaire. Malheureusement ce beau modèle, unanimement admis, a commencé à se fissurer avec les premiers développements importants de la mécanique quantique, car il s'est vite révélé que ces deux théories présentaient de gênantes incompatibilités aux extrêmes, dans l'infiniment grand et l'infiniment petit ; et la bataille continue aujourd'hui à faire rage pour essayer de trouver une théorie capable de concilier les deux.

Qui n'a pas été surpris déjà à cette époque par la lumineuse expérience des fentes de Young : comment un photon unique pouvait-il passer simultanément par deux fentes différentes pour générer des interférences lumineuses avec lui-même ? C'était tout le mystère de la dualité onde-corpuscule de la lumière brillamment avancée par Louis de Broglie dans sa thèse de 1924 qui lui a valu un prix Nobel, et qu'Erwin Schrödinger utilisa comme base pour un ensemble complet de lois quantiques, étendant cette approche à l'électron considéré comme une « onde de probabilité ». Même si la distinction onde ou particule est une notion considérée aujourd'hui comme obsolète, du fait qu'un objet quantique ne peut pas manifester tout l'éventail des comportements intermédiaires, elle reste une excellente image de ce mystère quantique : en vertu de quoi un photon pourrait-il « décider » de nous présenter une facette ou l'autre, grain de matière ou onde lumineuse ? On dit maintenant qu'il y a simultanéité des deux formes.

L'étudiant que j'étais restait tout aussi pantois et sceptique devant le fameux «effet tunnel » grâce auquel on apprenait qu'un électron pouvait franchir une barrière de potentiel plus vite que la lumière. Cet effet mystérieux a pourtant donné lieu à l'invention du microscope du même nom dans les années 1980 ; comme quoi il n'est pas besoin d'avoir l'explication d'un phénomène pour pouvoir l'utiliser industriellement, comme c'est le cas actuellement avec les ordinateurs dits « quantiques ». On est incapable de donner une explication théorique, mais, dans la pratique, ça marche !

J'étais également très perplexe devant l'affirmation, matérialisée par le fameux principe d'incertitude d'Heisenberg, selon lequel on ne pourra au grand jamais mesurer avec certitude la position et la vitesse d'un électron et qu'il faudrait parler plutôt d'un « nuage probabiliste » de sa présence autour d'un atome. Aujourd'hui le modèle planétaire de l'atome de Bohr a complètement volé en éclat -a été, si on peut dire, atomisé- et on dépasse largement la centaine de particules qu'on a le plus grand mal à insérer dans une théorie cohérente. L'Homme n'a d'ailleurs jamais cessé de trouver des particules toujours plus petites. Démocrite a ouvert le jeu en supposant, il y a 2500 ans, l'existence d'atomes indivisibles (pléonasme !) dans la matière qui furent beaucoup plus tard classés par Mendeleïev au 19ème siècle et il a fallu attendre le tout début du 20ème siècle pour découvrir l'existence des électrons par Thompson et des noyaux par Rutherford.

Tout s'est ensuite accéléré avec la découverte de nouveaux sous-composants des noyaux : les nucléons, plus précisément le neutron et le proton (découvert par Chadwick en 1932). Une quarantaine d'années plus tard, on a réalisé que les nucléons étaient eux-mêmes composés d'éléments encore plus petits : les quarks et les gluons ! Aujourd'hui, on en arrive à supputer l'existence de particules encore plus petites, préons ou autres. A chaque découverte on croit avoir trouvé le composant ultime de la matière, et on a un peu l'impression que l'on n'arrivera jamais au bout de nos matriochkas, les poupées russes emboitables...Sans parler du foisonnement des particules hypothétiques, que l'on n'a encore jamais observées : graviton, tachyon (qui voyagerait plus vite que la vitesse de la lumière), monopôle magnétique, inflaton, préon, WIMP (Weakly Interactive Massive Particle, candidate crédible pour la matière noire) pour ne citer que les plus connues et sans oublier le boson de Higgs qui a fini par avoir un début de réalité en 2012.

Les découvertes qui m'ont le plus frappé ces cinquante dernières années, dans le domaine de l'infiniment petit et de l'infiniment grand, sont les suivantes :

- la maîtrise de l'énergie nucléaire dans ses applications tant civiles que militaires, alors qu'elle était encore considérée comme une utopie lorsque je suis né, en 1944 ;

- la découverte de la lumière cohérente, qui a donné naissance aux lasers et aux hologrammes au début des années soixante, banalisée aujourd'hui dans tous les foyers sous forme de lecteurs de CD et DVD ;

- la découverte de nouveaux constituants des nucléons, comme les quarks et les gluons, dans les années 1970, et ce n'était que le début d'une imposante collection de particules ;

- les avancées scientifiques sur la nature quantique de la matière, qui ont mis en évidence l'existence de la création de particules à partir du néant et qui donnent déjà lieu à des applications industrielles sans que l'on puisse encore trouver des explications satisfaisantes du phénomène ;

- la « noirceur » grandissante de l'espace avec la découverte des trous noirs au début des années 1970, ces monstres de la taille d'un point qui absorbent tout ce qui passe à proximité -y compris les rayons lumineux- et l'annonce de l'existence dans notre univers, confirmée en 1998, de matière noire et d'énergie noire appelée maintenant « sombre ».

- La confirmation de l'existence des ondes gravitationnelles par leur première observation en 2015.

On peut indubitablement parler d'une accélération dans les découvertes et les avancées scientifiques, mais l'humanité n'a fait pratiquement aucun progrès depuis un siècle sur deux sujets : la gravitation et le temps. Sur le premier, on a bien confirmé l'existence des ondes gravitationnelles, mais le graviton reste toujours un inconnu et la nature exacte de la gravitation reste un mystère. Pour ce qui concerne le temps, il est surprenant que l'on n'ait jamais remis en cause notre acquis depuis Einstein, ou si peu.

Quant à la mécanique quantique, née vers 1923, elle a été le sujet principal des fameuses conférences Solvay et a provoqué bien des débats illustrés par la célèbre « interprétation de Copenhague » selon laquelle la physique quantique apporte la preuve qu'un déterminisme strict n'est pas viable. Cette théorie est toujours discutée mais cela ne l'a pas empêchée de donner lieu à de nombreuses découvertes et même à des applications domestiques, mais elle va bientôt être centenaire sans que l'on n'ait réussi à en expliquer les fondements ni à la faire progresser notablement. Si elle reste un peu figée dans le temps, ne serait-ce pas précisément faute d'une nouvelle approche temporelle de la matière ?

Une autre question qui n'a guère plus progressé depuis cette époque est celle de la théorie unificatrice des forces que l'on devrait d'ailleurs plutôt appeler « interactions ». Cette théorie fait l'objet de recherches effrénées de la part de tous les grands physiciens depuis des décennies car elle permettrait de relier l'approche moderne de la gravitation (celle de la relativité généralisée) et la mécanique quantique des particules qui présentent malheureusement de fâcheuses incompatibilités. Rappelons que toutes les forces dites « fondamentales » dans la nature sont au nombre de quatre, énumérées ci-dessous de la plus forte à la plus faible et de façon très schématique.

- La force nucléaire forte que l'on pourrait qualifier de « super glue » puisqu'elle maintient les plus petits constituants connus de l'atome, les quarks, et dont les « gluons » sont les vecteurs. C'est de très loin la plus puissante de toutes mais celle qui a la plus courte portée, de l'ordre de 10^{-15} m. Elle est par excellence dans le domaine de la mécanique quantique.

- La force électromagnétique dont les photons sont les vecteurs, qui agit sur les particules chargées et constitue le ciment de base des atomes, puisque c'est elle qui « attache » les électrons au noyau, et « soude » aussi entre eux les atomes pour former les molécules. On est ici en plein dans le domaine de l'électromagnétisme et de la chimie.

- La force nucléaire faible agit, quant à elle, au niveau des protons et des neutrons par l'intermédiaire des bosons W^-, W^+ et Z^0. Elle se manifeste par la radioactivité, donc fait partie du domaine de la physique nucléaire. Une première étape a été franchie vers la recherche de la réunification : on est arrivé, dans les années 1970, à unifier la théorie de la force faible avec celle de l'électromagnétisme et elles ont été toutes deux rassemblées sous l'appellation commune « interaction faible ».

- La gravitation, infiniment plus faible que les précédentes mais qui peut avoir une influence jusqu'aux confins de l'univers ! Elle agit sur les planètes et les étoiles, donc intéresse le domaine de la cosmologie, mais son action au niveau atomique reste à trouver ainsi que l'existence du graviton. Le fameux boson de Higgs y joue cependant un rôle important puisque c'est lui qui serait à l'origine de la masse dans l'univers.

On en est toujours à rechercher la théorie unificatrice, appelée aussi pompeusement « théorie du tout », car elle permettra non seulement de mettre en harmonie la relativité généralisée et la mécanique quantique mais aussi, peut-être, d'apporter une approche totalement nouvelle du temps. Comment ne pas penser, en effet, que ces interactions à distance sont des manifestations différentes d'un seul et même phénomène, qui auraient évolué « dans le temps », au cours de la formation de l'univers ? Distances, masses, énergies et temps sont les mots qui reviennent sans cesse dès que l'on étudie ces questions. Mais c'est la notion de temps qui sera essentiellement développée ici tellement elle me semble fondamentale, entourée de mystères, et aussi celle sur laquelle on a fait le moins de découvertes depuis que l'humanité existe. Ce livre s'adresse en priorité à des lecteurs ayant déjà une bonne formation scientifique, mais il peut en intéresser aussi beaucoup d'autres à l'intention de qui une petite bibliographie des ouvrages relativement faciles à lire a été ajoutée en annexe, avec un court extrait significatif. Il est utile aussi de rappeler, pour ceux qui voudraient plus d'informations ou creuser un sujet précis, que le Web regorge de sites souvent bien faits et détaillés.

J'aborderai donc ici toutes les questions essentielles que nous pouvons nous poser sur le temps, en essayant d'y apporter, non pas des réponses, car il n'y en a encore aucune satisfaisante et incontestée à ce jour, mais quelques éléments de réflexion personnelle qui me conduisent tous à faire une hypothèse hardie et inédite à ma connaissance. Ces questions sont loin d'être nouvelles puisque les premières faisaient déjà l'objet d'âpres discussions à l'époque de Platon (428 – 348/347 av. J.-C.) et que Saint Augustin se les posait déjà dans ses « Confessions » (1). Ce qui est étonnant, c'est qu'elles font toujours autant débat au 21ème siècle, sans aucun progrès notable s'agissant de définir et de comprendre ce qu'est le temps.

La première question, fondamentale, que l'on doit se poser est évidemment « qu'est-ce que le temps et a-t-il une véritable réalité ?». Le Larousse ne donne pas moins de huit définitions du temps en exceptant le temps « météo », aucune n'est vraiment satisfaisante. La définition scientifique ne convient guère mieux : « Grandeur physique continue permettant de situer la succession des événements dans un référentiel donné. L'unité du Système International est la seconde ». Celle du Web (Wikipédia) est encore pire en laissant penser que le temps n'est qu'un concept purement humain : « Le temps est un concept développé par l'être humain pour appréhender le changement dans le monde ». Finalement on s'aperçoit qu'on n'arrive pas à définir le temps autrement que par métaphores ou analogies et j'aime bien celle qu'en a donné John Wheeler : « Le temps est le meilleur moyen qu'a trouvé la nature pour que tout ne se passe pas d'un seul coup ! ».

Les questions suivantes sont tout aussi classiques : le temps a-t-il un commencement, une fin ? Est-il indéfiniment divisible, est-il irréversible ? Est-il vraiment une donnée continue et homogène dans tout l'univers ? Peut-on le mesurer avec une précision toujours plus grande ? La seconde est-elle vraiment une constante ? Elles frôlent toutes la métaphysique, mais j'essayerai de rester dans une approche purement scientifique pour voir si les progrès de la science moderne ont permis d'apporter de nouveaux éléments de réponse. Seuls les deux derniers chapitres ne sont pas du tout classiques : le temps ne serait-il pas quantique lui aussi ? C'est la question qui revient comme un leitmotiv à chaque fois qu'on essaye de répondre aux précédentes. Et une question surprenante pour terminer : le temps pourrait-il être négatif ? Ni l'une ni l'autre n'ont reçu l'ombre d'une réponse pour la bonne raison que personne ne semble se les être vraiment posées !

1 Le temps existe-t-il ?

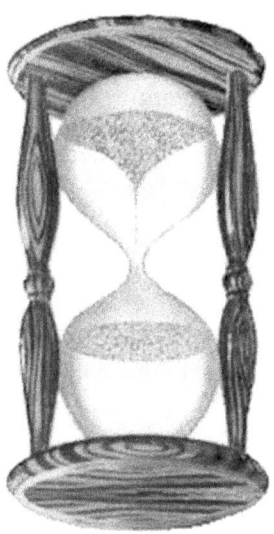

Le temps existe-t-il ou est-ce une création de l'esprit ? Quelle est sa nature profonde?

La Bible, référence mondiale et ancienne, n'a pas éludé cette question, et il est intéressant de lire dans la Genèse ce qu'elle dit au sujet de la création du monde. La durée de sept jours n'est évidemment pas à prendre à la lettre, on pourrait la remplacer aussi bien par des siècles ou des fractions de secondes. Je me plais à parodier une de ses phrases pour illustrer la question lancinante de la nature du temps : « Au commencement était le temps, puis la lumière fut et il suivit sa flèche ; ainsi les jours succédèrent aux jours sans espoir de retour ».

L'homme perçoit le temps de deux manières : la durée (interminable, trop courte, tant de jours ou de secondes se sont écoulés) et les dates (je suis né à telle date, tel évènement a eu lieu le...). On le compare souvent au fleuve qui s'écoule : le cours du temps, c'est le courant d'un fleuve pas toujours tranquille, et la flèche du temps, c'est son sens, toujours de l'amont vers l'aval ; entre deux points quelconques, il y en a forcément un qui est en aval de l'autre. Il permet de bien illustrer le phénomène de causalité, mais c'est à peu près tout. La comparaison thermodynamique est plus intéressante car plus scientifique : dans ce cas la flèche du temps est comparée aux échanges thermiques qui vont toujours, globalement, de la source chaude vers la source froide. En résumé le cours du temps a ses durées, la flèche du temps ses dates. (2) (3) (4) (5)

Quant à l'éternité, ce pourrait être carrément l'arrêt du temps, pas de son cours mais de sa flèche, comme un fleuve entièrement gelé. Une sorte de fin du monde où aucun être de chair ne pourra avoir place. L'univers, ou ce qu'il en reste, serait alors comme un bel hologramme définitivement figé que personne, sinon Dieu, ne pourrait contempler. (6)

On ne peut pas s'empêcher aussi de remarquer que le temps et le mouvement sont indissolublement liés, à preuve toutes les mesures du temps se font par l'observation ou la mesure d'un mouvement : lunaisons, ombre évolutive d'un cadran solaire, chute d'une goutte d'eau ou d'un grain dans un sablier, va-et-vient d'un pendule ou d'un balancier, trotteuse d'un chronomètre, vibrations d'un quartz, propagation d'une onde, etc. La question qui se pose est : pourquoi le mouvement permet-il de revenir en arrière et pas le temps, comme si l'un avait accouché de l'autre ?

Avant d'entrer dans le cœur du mouvement temporel, il faut se poser la question fondamentale suivante qui pourrait paraître saugrenue mais est loin de l'être : le temps existe-t-il vraiment ? Ne serait-il pas une simple création de notre pensée, comme l'affirmait déjà Kant pour qui le temps n'était qu'une « intuition a priori » ? Newton avait aussi déclaré que « le temps absolu, vrai et mathématique coule également de lui-même et de sa propre nature et sans relation avec quoi que ce soit d'extérieur », laissant entendre que ce n'était qu'un concept ou une donnée intrinsèque et intangible de l'univers. Aristote, en son temps, était déjà arrivé à la même conclusion : le passé n'existe plus et l'avenir n'existe pas encore, donc seul le présent a une réalité.

Puisque c'est le temps qui transforme le présent en passé et le futur en présent, on pourrait en conclure que le temps n'existe pas lui non plus ! C'est ce que pensent très sérieusement encore aujourd'hui non seulement des philosophes, mais aussi certains scientifiques purs et durs : le temps n'a pas de réalité physique, il n'existerait que dans nos esprits puisqu'il faut un observateur pensant pour l'observer et distinguer les causes des effets. Il est vrai que notre perception du temps quotidien est une fabrication de notre cerveau, précisément localisée dans son hémisphère gauche, ce qui ne suffit pas à dire que c'est une pure fiction. On sait aussi qu'elle n'est pas fidèle puisqu'une année perçue par un enfant de 10 ans est beaucoup plus longue que celle perçue par un sexagénaire, de même qu'une minute est plus ou moins longue selon de quel côté de la porte de la salle de bain on se trouve ! Mais il s'agit là d'un temps

1 Le temps existe-t-il ?

purement psychologique, dont il n'est pas vraiment question ici. (7)

Si la mesure du temps est le seul apanage de la pensée, il faudrait admettre que les animaux, les végétaux et les minéraux pensent aussi ! A titre d'exemple :

1. Dans l'expérience de Renner (1955) les abeilles parisiennes déplacées à New-York conservent les horaires de Paris et font la nuit ce qu'elles faisaient le jour ; de même que les huîtres sorties de l'eau continuent à bailler sur leurs étals parisiens en phase avec les heures des marées. Même les cellules savent déclencher leur mort à une date programmée dans les gènes, ce qu'on appelle l'apoptose. Le monde animal abonde d'exemples montrant que certaines espèces ont une perception très précise du temps et de la durée. Les végétaux, eux aussi, ont leur chronobiologie (biorythmes) et leur chronognosie. Bref, la perception du temps n'est pas l'apanage de l'Homme.

2. Le monde minéral, même s'il ne peut pas à proprement parler mesurer le temps, il le subit et se transforme avec lui. Par exemple, un mort ne pense plus et pourtant son corps continue à se dégrader « dans le temps ». Un galet sur une plage non plus ne pense pas, mais sa forme évolue « dans le temps » avec l'érosion.

D'autre part, si la notion de temps devait disparaître avec l'humanité, c'est-à-dire bien avant que notre soleil ne se transforme en une géante rouge puis en une naine blanche, cela voudrait dire que notre Terre désertifiée serait tout à coup hors du temps, faute de consciences pour le créer, le percevoir, le mesurer ! La notion de durée et de flèche du temps ne peuvent donc pas être de simples vues de l'esprit, ce ne peut pas être une simple conception intellectuelle de nos petits cerveaux : le temps existe vraiment, indépendamment de l'Homme et même des êtres vivants, et s'il présente évidemment des aspects psychologiques il possède indéniablement une base physique. Les tenants de la réalité du temps font remarquer à juste titre qu'elle peut nous échapper du fait que c'est la seule grandeur mesurable à ne faire appel à aucun de nos sens. Un kilomètre ça use les pieds, cent décibels ou un effet Larsen ça s'entend, la fréquence d'un rayon visible ça se voit à sa couleur, mais un compte à rebours fait par la pensée ne fait pas à proprement parler appel à nos sens. Si le temps a une fâcheuse tendance à échapper à nos cinq sens, cela ne signifie pas pour autant qu'il n'a aucune réalité.

Sans tomber dans la noétique qui pourrait me faire dire « Le temps existe parce que je pense », j'estime, au contraire, aussi inepte de prétendre que le temps est une illusion, une simple création de l'esprit, que de dire que la solidité de la matière est une pure fiction puisqu'elle est essentiellement composée de vide. Si le présent peut être une notion créée par la conscience, cette dernière n'est pas la seule à pouvoir relier passé et avenir : le temps, comme principe de causalité, existe et est indépendant de l'homme, sinon pourquoi parler de l'âge de la Terre ou de celui de l'univers ? En fait passé, présent et futur ne donnent aucune indication sur ce qu'est réellement le temps mais seulement sur son sens de déroulement, sa flèche ; un peu comme on dirait qu'un véhicule va de l'arrière vers l'avant, sans préciser ce qui change réellement d'un point à un autre lorsqu'il avance d'un mètre. Si on a une explication pour le véhicule, on n'en a encore aucune pour le temps : son

« avance » est certes immatérielle, quoique mesurable, mais elle n'en est pas moins réelle et son explication cachée est peut-être, elle, très matérielle.

Certains théoriciens du « non temps » avancent encore, au 21ème siècle, que le temps serait au changement ce que l'argent est au troc. On pourrait dire, par exemple, au lieu de « ce voyage m'a pris 48 heures » : « Il m'a fallu deux révolutions de la Terre sur elle-même pour le faire » ; de la même manière que l'on peut se passer de l'argent pour revenir au troc ancestral : si la baguette vaut 1€ et le petit noir 2€, on peut se passer de la monnaie pour dire « mon café vaut deux baguettes ». Cette non-définition du temps, remplacé par des fonctions intemporelles reliant divers évènements directement entre eux, est un artifice qui ne le fait pas disparaître fondamentalement pour autant ! S'il est vrai que le temps peut être complètement éradiqué des équations de la physique et être considéré comme une simple mesure commode et artificielle, tout comme une unité monétaire, il est abusif de prétendre qu'il n'existe que grâce à la pensée. On peut très bien décider de supprimer la monnaie, mais sa suppression ne fera pas disparaître pour autant le troc, plus exactement le principe d'échangeabilité qu'il y a derrière. Ceux qui le pratiquent savent très bien qu'il y a une réalité derrière le troc : la valeur d'échange. C'est de cette valeur dont il est question ici quand on parle du temps, pas de ce qui sert de mesure ou d'outil mathématique de comparaison, surabondant dans les formules newtoniennes.

La relativité générale a complètement ébranlé le fameux temps universel ou absolu si cher à Newton, mais elle ne dit pas pour autant que le temps disparaît, seulement qu'il n'est plus universel, qu'il n'est plus le même pour tout le monde et que les durées sont propres à chaque

1 Le temps existe-t-il ?

observateur. Pour s'en convaincre, il suffit de se rappeler que la théorie d'Einstein s'appuie sur le principe de la constance de la vitesse de la lumière et sur l'impossibilité de la dépasser, or qu'est-ce qu'une vitesse sinon un espace parcouru pendant un certain temps ? S'il est effectivement possible de formuler des théories sans avoir à utiliser le paramètre temporel t, comme c'est le cas avec la théorie quantique de la gravité, cela montre seulement notre méconnaissance de la vraie nature du temps ; tout comme les probabilités utilisées pour décrire certains phénomènes physiques qui permettent, faute de mieux, d'établir des prédictions et d'obtenir des résultats fiables, mais n'expliquent en rien le comment et le pourquoi de ces phénomènes, j'y reviendrai plus loin. Utiliser la variable t ou afficher une probabilité ne fait en réalité que mesurer notre méconnaissance du mécanisme précis et détaillé qui provoque les phénomènes, masquant ainsi la vraie réalité. Les probabilités sont des notions évidemment utiles mais, en matière de théorie, on devrait s'en affranchir dans la mesure où elles n'expliquent rien, ce ne sont que des outils ! Le temps utilisé dans les formules est avant tout une unité pratique qui sert seulement à comparer, à mesurer, et plutôt que de dire qu'il ne correspond pas à une réalité, il vaudrait mieux le redéfinir et essayer de comprendre sa vraie nature.

Dans les approches scientifiques qui rejettent le temps, il y en a deux récentes à signaler. D'abord celle de Carlo Rovelli, physicien franco-italien contemporain, qui abonde à juste titre dans le sens de la granularité de l'espace-temps mais en déduit un peu brutalement que le temps n'existe pas du fait que la variable t n'apparaît pas dans les équations de la gravité quantique à boucles. Sa formule lapidaire « Et si le temps n'existait pas ? » (8) semble un peu trop provocatrice pour être prise à la lettre. C'est d'autant plus étonnant qu'il a travaillé aux côtés de Lee Smolin qui conclut dans le cadre de cette même théorie, digne des plus grands espoirs, à la renaissance du temps !

Une autre approche, tout aussi récente et plus intéressante à mon avis, élimine le temps mécanique, celui de la physique de Newton, au profit de la notion de « temps thermique ». Le temps perçu ne serait qu'une moyenne, une qualité « émergente » de phénomènes microscopiques très semblables à ceux de la thermodynamique qui fait appel aux probabilités (tiens, tiens ?) pour décrire, par exemple, des échanges thermiques. On retrouve aussi dans cette idée de « temps thermique » et de la flèche qu'il induit l'équivalent de l'entropie, notion dont il sera question plus loin. Cette vision « thermodynamique » du temps a l'avantage de ne pas le faire disparaître complètement et illustre bien notre ignorance de ce qui se passe réellement au niveau atomique. Le temps n'est certainement pas une simple illusion ! (9)

On sait, grâce à Einstein, que le temps et l'espace sont étroitement liés et de nature voisine, mais n'en serait-il pas de même entre le temps et la lumière ? On utilise bien d'ailleurs l'année-lumière comme unité de distance, le trajet parcouru par la lumière en une année terrestre. Il n'est pas possible, en effet, d'appréhender la notion de temps et encore moins de mesurer un temps sans qu'il y ait une observation, et pour observer il faut de la lumière sous quelque forme que ce soit, pas uniquement dans les longueurs d'onde visibles. Dans l'autre sens la lumière est aussi indissolublement liée au temps : sous sa forme corpusculaire, on parle du temps de parcours des photons ; sous sa forme ondulatoire, le temps intervient dans la définition même d'une onde et caractérise sa fréquence, donc sa couleur s'il s'agit de lumière visible. De là à soutenir que le temps et la lumière sont de nature voisine, il y a un petit pas qu'il est intéressant de franchir. L'un n'existe que par l'autre et inversement. Espace, temps et lumière sont tellement imbriqués -ou intriqués comme on dirait en mécanique quantique- quand on parle de propagation d'ondes, qu'on ne sait plus très bien ce que l'on veut dire quand on parle de la vitesse de la lumière, tellement espace et temps sont auto-référents dans leur définition. Einstein nous a démontré de manière magistrale que nous vivons dans quatre dimensions, alors pourquoi accorder plus de crédit à la réalité des trois dimensions de l'espace qu'à celle du temps ? Et que se passe-t-il au niveau de l'infiniment petit ?

Dans le monde nucléaire, il est une loi intéressante qui fait intervenir le temps. Jusqu'à présent, les physiciens ont toujours considéré comme inviolable la loi de la symétrie CPT (pour Conjugaison de Charge-Parité-Temps). Ce théorème de la conservation CPT dit que les lois de la physique ne changent pas lorsque toutes les particules d'une interaction sont remplacées par leurs antiparticules dotées d'une charge opposée (C), ou lorsque les directions de l'espace sont inversées (P pour Parité), comme avec l'inversion de la gauche et de la droite dans une image miroir, ou encore que le temps est inversé (T). Or des expérimentations récentes (1998 – 2004) ont mis en évidence une asymétrie temporelle dans la désintégration des kaons (mésons K) et des mésons B, violant cette fameuse loi de conservation CPT. Cette asymétrie pourrait d'ailleurs être une explication possible à la très forte prédominance de la matière sur l'antimatière dans notre univers, survenue au tout début de sa création. Elle prouve surtout qu'au niveau des particules il existe bien aussi une flèche du temps. Ce phénomène permet donc de conjecturer que la flèche du temps a bien une réalité physique, inscrite aussi au cœur de la matière au niveau microscopique, et ne peut pas être une simple vue de l'esprit nécessitant la présence obligatoire d'un observateur pour la constater, comme certains continuent encore à le soutenir aujourd'hui.

On peut aussi prendre, à l'inverse, un exemple astronomique pour illustrer simplement cette flèche du temps. Telle étoile arrivant en fin de vie pour avoir consommé son hydrogène va finir par s'effondrer brutalement sur elle-même et se transformer, par exemple, en naine blanche. Elle ne « sait » pas que la catastrophe va arriver et encore moins quand ; pourtant elle est inéluctable, c'est une question de temps ! En inversant le film, l'évènement passerait pour la naissance d'une belle nova et on pourrait dire que pour elle la flèche du temps est inversée. Finalement, quel que soit son sens, la flèche du temps existe bel et bien à l'échelle du cosmos et ne peut pas être la simple création d'un esprit pensant ; elle peut se passer de tout observateur.

Un autre exemple particulièrement intéressant, dans le domaine de l'infiniment petit, est celui de l'atome radioactif : c'est un atome qui ne « vieillit » pas, c'est-à-dire qu'il reste rigoureusement identique à lui-même dans la durée jusqu'à l'instant de sa mort, de sa désintégration où il se transforme en autre chose sans qu'aucun observateur ne puisse prédire exactement quand. Comme on n'a pas trouvé d'explication sur ce qui déclenche ce phénomène qu'on est incapable de prévoir, on a fait -une fois de plus- une approche probabiliste en définissant la période de désintégration, le temps au bout duquel l'atome considéré a eu 50% de chances de se transformer soudainement. Cette durée de demi-vie peut aller de fractions de secondes à des milliards d'années selon les isotopes. Dans de tels cas on peut parler d'une flèche du temps sans durée bien définie mais avec une échéance inéluctable et prévisible : on a affaire à une marche d'escalier -un créneau- que l'on sait devoir rencontrer un jour sans pouvoir prédire exactement le moment précis.

On peut comparer ce phénomène à celui, non moins mystérieux, de l'apoptose, la mort programmée de nos cellules inscrite dans leur ADN, avec la différence notable que l'atome, lui, n'a pas pris une seule ride tout au long de son existence. Comme cette caractéristique est propre à chaque atome radioactif, on peut se demander si lui aussi n'aurait pas un gène temporel en son sein, un constituant « chronomètre » ou une particule inconnue porteuse d'un paramètre temporel. Rappelons que ce phénomène est couramment utilisé pour évaluer des datations anciennes en mesurant, par exemple, la quantité restante de carbone 14 radioactif qui diminue de moitié tous les 5730 ans sur la Terre. Cette datation est donc fondée sur une approche purement probabiliste et constitue une magnifique illustration de la facette quantique du temps. Et qu'en est-il des atomes non radioactifs, des atomes dits stables ? S'ils ne se désintègrent pas spontanément, cela ne signifie pas pour autant qu'ils sont dépourvus de chronomètres internes ; on recherche toujours d'ailleurs activement la désintégration de tels atomes car leur stabilité apparente est liée à celle des protons dont la théorie annonce une demi-vie de 10^{33} ans, supérieure à l'âge de l'univers, ce qui expliquerait pourquoi on n'a pas encore réussi à en observer la désintégration.

Pour rester au niveau atomique et subatomique, il n'y a pas plus étrange phénomène que celui des particules quantiques qui « communiquent » instantanément à distance, on va même jusqu'à parler de téléportation d'information comme on le verra plus loin. Ce phénomène, connu sous le nom d'intrication et illustré par le paradoxe EPR, initiales de leurs auteurs « Einstein-Podolsky-Rosen ». En résumé, deux objets quantiques initialement liés possédant chacun les informations « Pile » et « Face » pour simplifier, en éloignement très rapide l'un de l'autre après avoir interagi, semblent toujours liés l'un à l'autre : si on observe un élément probabiliste de l'un, « Pile » par exemple, l'autre prendra immédiatement, même à des années-lumière de son jumeau, la caractéristique inverse « Face », et l'inverse marche tout autant. Incroyable ! Dans la pratique les caractéristiques analysées peuvent être la polarisation de photons ou le spin de particules. On arrive même, depuis quelques années, à reproduire ce phénomène couramment avec des ions et même des groupes d'atomes de césium. Cette « téléportation quantique » a été prouvée et vérifiée expérimentalement. Le record mondial reste à ce jour modeste : 143 Km atteints en mai 2012 entre des laboratoires des îles de Tenerife et La Palma, mais il a déjà été dépassé. Einstein, à partir de 1935, a violemment contesté l'explication quantique de ce phénomène et a avancé l'idée que les particules étaient dotées de variables cachées, « Dieu ne joue pas aux dés ».

Cette notion de « variables cachées locales » n'est pas très en cours aujourd'hui mais ressurgit régulièrement, preuve que l'on touche là les limites de nos théories actuelles. Ce phénomène peut impliquer en effet que quelque chose se transmet d'une particule à l'autre à une vitesse infinie, en tout cas bien supérieure à celle de la lumière, pour que le temps de réaction des particules puisse être nul ou quasi nul. Ces particules intriquées restent mystérieusement liées, même à des distances importantes, comme si le temps (ou l'espace ?) n'existait pas pour elles ou qu'elles aient en commun un élément temporel quantique, pourquoi pas les quanta de temps dont il sera question dans le chapitre suivant ? Et quand on parle de quanta cela suppose que le temps élémentaire est discret : il existe, puis plus rien, existe à nouveau, puis redisparaît, et ainsi de suite, à l'échelle quantique bien évidemment !

1 Le temps existe-t-il ?

Le temps n'est pas une simple vue de l'esprit, il n'est pas une pure construction faite par des esprits pensants et connaissant le vieillissement, illustration cruelle du temps qui passe. La vraie nature du temps reste toujours un profond mystère, on sait seulement qu'il est indissolublement lié au mouvement et à l'espace, au point que le temps est assimilé aujourd'hui à la quatrième dimension de notre univers. Il n'est cependant pas tout à fait identique aux dimensions spatiales puisque, si on peut agir facilement sur ces dernières, au moins localement, en décidant par exemple d'aller à gauche ou à droite, il n'en est pas de même pour le temps : on ne peut pas agir librement sur sa flèche et décider de faire un bond dans le passé ou dans le futur. Certains théoriciens modernes s'ingénient à faire disparaître le paramètre t, mais plus ils montrent son inutilité dans certaines équations ou théories, plus le temps revient au galop sous une autre forme, preuve que l'on n'a pas résolu la question de sa nature profonde. Encore plus mystérieuse est la flèche du temps : on ne peut que la constater sans savoir pourquoi elle pointe toujours dans la même direction, ce qui fait dire que cette flèche présente des similitudes avec l'entropie de l'univers allant toujours en croissant vers un plus grand désordre. On sait depuis peu que cette flèche du temps, observée à l'échelle du cosmos et subie à l'échelle humaine, existe aussi à l'échelle microscopique des particules. La désintégration spontanée de certains atomes dits radioactifs pourrait aussi être une preuve que les atomes contiennent bien une donnée temporelle. Il se pourrait aussi qu'à une échelle infinitésimale le temps soit discontinu, discret selon les termes des physiciens, donc que lui aussi ait un aspect quantique ! Autrement dit le temps, à l'échelle quantique, ressemblerait à un pointillé...

Le temps a-t-il un commencement et une fin ?
Est-il indéfiniment divisible ?

Si le temps a eu un début, à la création de l'univers par exemple, il pourrait aussi avoir une fin. Ce temps n'a pourtant rien à voir avec un calendrier qui est une création purement humaine et a donc forcément un début et une fin, même si on s'amuse à utiliser des dates négatives (x années avant Jésus-Christ, par exemple),

2 Commencement et fin du temps

ce zéro n'a jamais été l'origine du temps dont on parle ici. Les grandes peurs récurrentes à chaque changement de millénaire, ou toute autre échéance apocalyptique semblable à celle annoncée par le calendrier Maya pour le 21 décembre 2012, sont incompréhensibles et m'ont toujours fait sourire puisque cela voudrait dire que l'homme craint d'avoir fait coïncider le calendrier qu'il a inventé avec un évènement tragique pour la Terre entière, voire pour tout le cosmos ! Plus sérieusement, la question du début du temps se pose vraiment : a-t-il commencé avec l'univers ou préexistait-il ? Peut-on parler de temps en l'absence de toute matière et de tout mouvement ? (10) (11) (12)

Saint Augustin s'était déjà intéressé à cette idée en parlant du commencement temporel de l'Univers pour contrer les néo-platoniciens qui demandaient non sans ironie ce que pouvait bien faire le Dieu chrétien avant la création de l'Univers. Selon Saint Augustin, il n'y avait tout simplement pas de temps avant sa création : le temps n'est qu'une des propriétés de l'Univers dont le Dieu éternel est totalement exempt. Saint Jean, dans son Prologue (1.1), aurait aussi presque pu écrire : « Au commencement était le Temps, et le Temps était avec Dieu ». Il est vrai que le verbe (au sens du « logos », c'est-à-dire la parole, le raisonnement, la communication ou l'information dirait-on aujourd'hui) ne peut exister sans le temps, mais pas l'inverse de toute évidence : le temps peut se passer du verbe, de l'intelligence.

La question du commencement ou de la fin du temps est comparable à celle de la finitude de l'univers : de même que l'on ignore s'il a un « bord », on ne pourra jamais prouver qu'il a eu un commencement et qu'il aura une fin. Mais on pourrait très bien imaginer une autre possibilité : celle du temps qui se reboucle sur lui-même.

2 Commencement et fin du temps

Kurt Gödel (1906-1978) y avait déjà pensé en imaginant que le temps puisse se reboucler en cercle dans notre espace : à force d'aller vers le futur, on pourrait retrouver son passé, un peu comme le navigateur qui fait le tour de la Terre, toujours dans la même direction, et finit par revenir à son point de départ. Pour ma part, j'imagine un autre cas de figure qui ne suppose pas un univers sphérique, mais un passage ou un saut par une autre dimension. Tout le monde connaît le principe du ruban de Möbius, cette bande de papier dont on fait rejoindre les deux bouts pour les coller après avoir fait subir une rotation de 180° à une des extrémités. Lorsque qu'on met le doigt sur un point quelconque de ce ruban et que l'on suit une des faces dans la même direction, on finit par revenir à son point de départ après avoir parcouru les deux faces du dit ruban, ce qui est impossible si on avait fait la même chose avec un ruban collé en anneau circulaire, sans torsion. Pourquoi ce qui est possible dans l'espace à trois dimensions (deux en fait dans le cas du ruban) ne le serait-il pas dans la dimension temporelle ?

Cela voudrait dire que si on suit notre flèche du temps, il pourrait très bien exister une ou des distorsions de l'univers qui feraient que le temps reviendrait près de son point de départ, peut-être après être passé par une autre dimension ou avoir pénétré dans une sorte d'univers parallèle ! Autrement dit, on pourrait revenir, par exemple, à l'instant qui a vu naître notre univers et recommencer un nouveau cycle de création. Cela ne veut pas dire que l'on retrouvera par la suite le même déroulement des évènements, comme l'apparition de l'homme par exemple, tout comme notre doigt sur le ruban de Möbius qui peut recommencer son exploration une nouvelle fois mais en empruntant une trajectoire différente, avec des zigzags différents. Cette idée du

2 Commencement et fin du temps

temps qui pourrait se reboucler sur lui-même est intéressante, car elle conduit à une certaine forme d'éternité (et non d'éternel recommencement) et abonde dans le sens de la théorie des univers multiples lancée sans grand succès par l'américain Everett à la fin des années cinquante. Cette théorie est revenue au premier plan en ce début du 21ème siècle, sous l'appellation de « multivers » sur laquelle on reviendra au chapitre 4. Notre univers ne serait que la toute petite partie visible d'une quantité incroyable d'autres univers dotés de caractéristiques très différentes du nôtre : nombre de dimensions spatio-temporelles, constantes physiques différentes, autres particules élémentaires, temps différents, etc. Seul problème de taille : on est incapable aujourd'hui de les détecter.

Il se pourrait aussi qu'il y ait plusieurs dimensions temporelles en coexistence dans notre univers. La théorie des supercordes (13), développée dans les années 1990, repose sur un espace à onze dimensions : dix spatiales et une temporelle. L'homme ne percevrait que trois dimensions spatiales parce que les autres sont complètement repliées sur elles-mêmes. Telle la fourmi qui avance sur un fil en étant persuadée que ce fil n'a qu'une seule dimension puisqu'elle ne peut qu'avancer ou reculer. En réalité, si elle regardait son fil avec une bonne loupe, elle s'apercevrait que c'est en réalité un cylindre à deux dimensions dont elle pourrait faire le tour s'il n'était pas si petit. Dans cette même optique, mais on sort là complètement des théories en cours car personne à ma connaissance n'a évoqué cette idée, rien n'interdit de penser que notre univers puisse comporter plusieurs dimensions temporelles dont on ne percevrait qu'une seule, les autres étant tellement recroquevillées sur elles-mêmes qu'elles échapperaient totalement à tous nos instruments de mesure. Ce pourrait être la raison qui explique la disparition du temps au fond des trous noirs, tellement replié, comprimé, au cœur de cette singularité qu'il semble disparaître purement et simplement de notre espace. Du côté de l'infiniment petit, on pourrait imaginer également une « mousse quantique du temps » dans laquelle il pourrait y avoir création du temps à partir de rien, à l'image de la « mousse quantique de l'espace » capable de créer de la matière ex nihilo (pour plus d'explications, voir la description de l'effet Casimir au début du chapitre 3). D'ailleurs certains physiciens parlent de fluctuations quantiques de l'espace-temps qui rendraient floues les observations les plus lointaines, donc les plus âgées, et pourraient avoir un impact sur les observations faites par le télescope Hubble par exemple. Tout ceci pour dire qu'il n'est pas invraisemblable de penser que le temps préexistait avant le Big Bang créateur de notre univers. A ce propos la théorie de la gravité quantique à boucles, sur laquelle on reviendra plus loin, relègue le Big Bang au rang de « Big Bounce », une sorte de rebond marquant la transition entre un univers antérieur en contraction et le nôtre en expansion. Le temps existerait ainsi « de tout temps » !

Pour essayer de répondre à la question de la divisibilité du temps à l'infini, il faut commencer par se demander si on pourra continuer à mesurer des valeurs toujours plus petites. De même qu'on est toujours à la recherche du plus petit constituant de la matière, quel va être le plus petit constituant du temps ? Le débat ouvert par Aristote et Zénon d'Elée avec ses quatre arguments (dichotomie du temps, Achille et la tortue, course sur le stade et la flèche immobile) est toujours d'actualité ! Le paradoxe d'Achille a été rénové en 1954 par le philosophe James Thomson sous une forme amusante : on allume une lampe grâce à un interrupteur -très performant !- pendant une minute, puis on l'éteint pendant trente secondes, on la rallume 15 secondes, etc. La série des durées (1+1/2+1/4+1/8+...) converge vers deux minutes et la question est de savoir si la lampe sera allumée ou éteinte au bout de deux minutes très exactement : on peut démontrer en fait qu'elle ne sera ni allumée ni éteinte ! L'état final de la lampe est dit « indécidable », en supposant que le temps soit indéfiniment divisible, donc quantique ?

La précision de mesure du temps n'a cessé de croître depuis les premiers cadrans solaires et autres clepsydres : avec les horloges atomiques, on atteint couramment les 10^{-15}, comme on va le voir au chapitre 6. Est-ce qu'on ne risque pas de se heurter au "mur de Planck" ? On parle en effet du temps de Planck qui correspond au temps que met le photon dans le vide pour parcourir la longueur de Planck (la longueur la plus petite qu'il soit possible de mesurer ; en dessous, toute mesure est sans signification et tombe dans le domaine quantique), soit 5.10^{-44} s. C'est ce qui explique que l'on ne pourra jamais remonter l'histoire du Big Bang à une valeur inférieure. Elle est la plus petite mesure de temps qui puisse avoir une signification physique dans les théories actuelles. Certains physiciens ont baptisé « chronon » cette plus petite quantité de temps, en-dessous de laquelle il est impossible de détecter et encore moins de mesurer tout changement intervenant dans un délai inférieur. Par voie de conséquence aucune expérience ne pourra jamais atteindre cette précision et encore moins la dépasser. (14)

Si on commence à bien cerner ce qu'est l'espace quantique, on n'évoque pratiquement jamais le temps quantique, peut-être parce que personne n'a réussi à démontrer la discontinuité du temps. Cette approche quantique du temps est pourtant intéressante et pourrait aussi expliquer, par exemple, l'absence de temps dans les plus petites dimensions de l'espace comme au fond des trous noirs. En effet, à l'échelle du chronon, le quantum de temps pourrait très bien être interprété soit comme une superposition de temps et de non-temps (plus exactement de son antiparticule, graviton ou temps négatif, sujet qui sera abordé dans le chapitre 8), à l'image des particules quantiques « intriquées » qui présentent simultanément deux états différents superposés, soit comme une véritable particule « porteuse » du temps en l'absence de laquelle il n'y aurait pas de temps.

L'objection qui consiste à dire que le non-temps ne peut pas exister puisqu'on ne peut pas en connaître la durée est une tautologie facile à réfuter. Par définition, on ne peut pas mesurer la durée d'une absence de temps, mais seulement la présence d'un quantum de temps ou d'un paquet de quanta. Il est préférable de parler de « paquet », plutôt que d'utiliser les termes de « suite » ou de « série » qui sous-entendent une forme de succession ou de causalité. Il semble en effet qu'à l'échelle quantique cette notion de causalité n'a plus de raison d'être. Autrement dit la flèche du temps n'est pas bien déterminée à ce niveau : elle n'apparaît qu'à une échelle plus grande, même si elle reste microscopique, et est à rapprocher du phénomène de « décohérence » de particules intriquées. Le temps n'aurait pas de sens d'écoulement privilégié ou prédéfini au niveau quantique mais serait brutalement affecté d'une flèche à partir d'un seuil de « décohérence » au-delà duquel on retrouve le temps dans lequel on vit tous les jours. Rappelons ici que la « décohérence », appelée au siècle dernier « réduction de la fonction d'onde », « réduction du paquet d'onde », ou encore « réduction quantique », est le phénomène très intrigant et encore inexpliqué qui marque l'instant de transition entre l'état quantique de la matière et celui où l'on retrouve la physique classique. Sur ce sujet fascinant, il est intéressant de se plonger dans les travaux de Serge Haroche qui compte, depuis 2012, parmi les rares Français lauréats du prix Nobel de physique (aux côtés de -pour ne citer que les plus célèbres- Pierre et Marie Curie, Louis de Broglie, et Pierre-Gilles de Gennes). Cette brillante récompense a été presque complètement occultée par la presse française pour donner la priorité à Johnny Hallyday ; elle a juste donné lieu à quelques entrefilets, au mieux quelques articles dans des revues scientifiques.

Pour rester dans l'approche quantique et pour en revenir à la question de ce chapitre, on ne devrait pas se poser la question du commencement du temps mais celle du commencement des temps. Quand on considère la matière au niveau quantique, on parle de « mousse quantique », pour la comparer à une surface savonneuse sans cesse changeante en raison des innombrables créations et disparitions de micro bulles à l'image des particules quantiques. Pourquoi l'appeler « mousse » ? Cette comparaison suppose qu'à partir d'un état donné, l'état suivant ne représenterait que son évolution, déductible ou prédictible à grands coups de formules et de probabilités. Ce n'est pas du tout le cas et c'est la raison pour laquelle son autre appellation de « fluctuation du vide » est préférable. A un instant t, à l'échelle quantique, on est capable d'afficher une probabilité de ce qu'on va y trouver grâce aux premiers balbutiements de la théorie de la gravité quantique. A l'instant $t+1$ (à distinguer de l'instant « suivant »), l'unité représentant ici la plus petite quantité possible de temps -pourquoi pas un quantum de temps ?-, on est aussi capable de faire le même genre de prédiction, le problème étant qu'il n'y a aucun lien de cause à effet entre les deux ! C'est la question cruciale qui se pose notamment au fond d'un trou noir ou dans ce que les physiciens appellent une singularité : il n'y a plus, à cette échelle, de cause et d'effet, « d'avant » et « d'après » : entre deux quanta, le temps n'existe pas et encore moins la flèche du temps. La fluctuation du vide ne fait que traduire le phénomène de création de matière, et donc de temps, à partir du néant. Temps et matière sont vraiment indissociables et leur commencement aussi. Notre univers créé dans un immense Big Bang -une singularité parmi d'autres comme le sont les trous noirs- n'y échappe pas ; mais alors la question de savoir ce qu'il y avait avant n'a pas vraiment de sens puisqu'il n'y avait rien au top zéro de sa création, même pas le temps ! A moins que notre Big Bang créateur n'ait été un Big Bounce... Pour répondre à la question initiale de ce chapitre, le temps a bien un début, mais il y a un nombre illimité de débuts ; de même pour sa fin. (15)

2 Commencement et fin du temps

De même qu'il nous sera toujours impossible de répondre à la question de la limite de l'univers, nous ne pourrons sans doute jamais lever le doute sur la question de savoir si le temps a eu une origine et connaîtra une fin. Tout est imaginable : depuis la possibilité que le temps puisse se reboucler sur lui-même, sans être cyclique toutefois, jusqu'à l'existence d'un multivers, gigantesque ensemble d'univers présents simultanément au nôtre mais indétectables et possédant chacun leur propre temps, en passant par des dimensions temporelles multiples et complètement cachées à notre perception. Ces deux dernières hypothèses sont assez séduisantes, tant il est certain qu'on ne perçoit qu'une infime partie de l'univers qui nous entoure. Quant à diviser le temps à l'infini, l'homme se heurte immanquablement au même problème que la division de la matière et commence à réaliser que le temps, lui aussi, n'est pas indéfiniment sécable et qu'il pourrait peut-être s'avérer lui-même quantique ! Pourquoi n'existerait-il pas, pour le temps et sa flèche, le même phénomène de « décohérence » qu'avec les particules quantiques, frontière inexpliquée entre le monde de l'infiniment petit et notre univers physique habituel ? L'existence d'une particule de temps, qui serait au temps ce que le photon est à la lumière, est un pari iconoclaste que je n'hésite pas à faire. D'ailleurs, quand on y réfléchit, il n'est pas plus extravagant d'associer le temps à une particule que de dire qu'un photon ou un électron est à la fois un corpuscule matériel et une onde, notion maintenant tellement bien admise qu'elle en est devenue obsolète grâce à la physique quantique. Et pour revenir sur la question du commencement du temps, il faut comprendre que c'est la même que celle de la création de la matière, donc, comme elle, le temps peut être créé à partir du néant et avoir une infinité de débuts.

3 Voyage dans le temps

Le temps est-il irréversible ?
Est-il possible de voyager dans le temps ?

L'irréversibilité du temps, indubitablement liée à sa flèche, est peut-être ce qu'il y a de plus difficile à saisir. On peut tout inverser dans notre monde : une direction, un rayon lumineux grâce à un miroir, une polarité, un champ électromagnétique, et même un atome complet en créant de l'antimatière, mais il y a un fantastique brevet à prendre ou un splendide prix Nobel à gagner par celui qui trouvera le moyen d'inverser la flèche du temps ! Le voyage aller-retour dans le temps reste une utopie, tant il paraît impossible de créer la cause avant l'effet. Comme on le verra plus loin, rien n'empêche cependant d'envisager un aller simple si on accepte de ne pas revenir au moment initial. Le cas du positron, observé dans un rayonnement gamma et créé en même temps qu'un électron, son antiparticule, trouble toujours nos savants dont certains ne démordent pas de penser que cette particule d'antimatière remonte effectivement le temps ! (16)

La flèche du temps est une des caractéristiques les plus mystérieuses du temps : cela peut paraître incroyable, mais on ne sait pas encore expliquer pourquoi il semble s'écouler toujours dans le même sens. Il nous paraît pourtant évident et naturel qu'un effet B ne puisse pas avoir lieu avant sa cause A. Un peu comme l'entropie toujours croissante d'un système que l'on compare souvent au désordre qui ne peut que croître (tel le morceau de sucre qui se dilue irréversiblement dans une tasse de café, ou notre univers en expansion par exemple). Si le temps -représenté par la variable t- est symétrique, c'est-à-dire inversible, dans toutes nos formules de physique, il semble qu'il soit impossible de l'inverser à notre échelle macroscopique. Et que se passe-t-il au niveau des particules ? On a vu, dans le premier chapitre, que des particules pouvaient présenter une asymétrie temporelle, donc subir aussi d'une certaine manière la flèche du temps. Et au niveau quantique ? On ne sait pas, mais l'hypothèse de la nature quantique du temps revient au galop.

A cette échelle, il y un phénomène extraordinaire qui a mis en évidence la création spontanée de particules dans le vide le plus total, autrement dit la création de quelque chose à partir de rien ! Il s'agit de l'effet Casimir, du nom de son découvreur Hendrik Casimir, qui a prédit en 1948 que deux plaques conductrices parallèles et extrêmement rapprochées doivent subir une force attractive créée par les fluctuations quantiques du vide. Cette force est la résultante des forces élémentaires exercées par les créations spontanées de particules, moins nombreuses entre les plaques que dans le volume extérieur. Cet effet a pu être vérifié expérimentalement dix ans plus tard. Transposé au temps, il permettrait de penser que la création spontanée de « particules temps » à l'échelle quantique pourrait avoir un effet similaire qui se traduirait, non pas par une force d'attraction, mais par notre fameuse flèche du temps. La flèche du temps pourrait ainsi émerger du vide au même titre que la matière.

Quant au voyage dans le temps, il est pour sa part tout à fait possible ! Pour voyager dans le futur, il vous suffit d'aller très vite, ce sera d'autant plus spectaculaire que vous vous approchez de la vitesse de la lumière. Vous connaissez en effet le paradoxe des jumeaux de Langevin : celui qui a voyagé une petite année à toute allure dans l'espace retrouve son frère, à son retour sur Terre, plus vieux d'une cinquantaine d'années, comme si leurs corps avaient vécu à des rythmes très différents, celui qui subit de fortes accélérations dans l'espace vieillit plus lentement que celui resté sédentaire sur la Terre. Ce qui est une manière de dire que les cellules et les atomes qui les composent n'ont pas la même échelle de temps, comme si la seconde n'était pas la même pour tous et comme si le vieillissement était une chose purement relative elle aussi. Comme quoi, avec la relativité, la seconde n'a rien d'une constante « universelle », elle a seulement un statut humain d'unité fondamentale au même titre que le mètre : elle est d'autant plus longue qu'on se déplace plus rapidement.

A l'inverse, le voyage dans le passé est tout aussi réalisable et encore plus facile : il vous suffit pour cela de contempler le ciel étoilé et ses milliards de milliards d'étoiles et de galaxies. En pointant un télescope très performant vers l'étoile Proxima Centauri (l'étoile la plus proche du Soleil, à 4,2 années-lumière) vous pourrez peut-être, avec un peu de chance, voir vivre en direct les Centauriens il y a plus de 4 années terrestres. Si vous préférez vous intéresser à la galaxie d'Andromède, la seule à être visible à l'œil nu dans l'hémisphère Nord, c'est un bond en arrière de presque trois millions d'années que vous ferez ! Le seul problème est qu'il s'agit à chaque fois d'allers simples : vers un monde futur on ne peut pas en revenir, et vers le monde passé, on peut le voir mais pas y vivre et encore moins le modifier. Qui a d'ailleurs vu un homme ou une « chose » venant du futur nous rendre une petite visite ? Serait-ce là une preuve que la machine à remonter le temps n'existe pas puisque personne n'en a jamais vue dans toute l'histoire de l'humanité ? Cette vision du passé à travers la simple observation d'un beau ciel étoilé a quelque chose de troublant quand on réalise que nombre de ces étoiles, à l'heure même où on les observe, sont peut-être éteintes depuis belle lurette ou transformées en trou noir.

Le satellite COBE nous a fait découvrir en 1992 une magnifique photo de l'univers tel qu'il était 380 000 ans après le Big Bang, c'est-à-dire à la date de formation des premiers atomes soit il y a plus de 13 milliards d'années, au moment où l'univers est devenu brutalement visible ! On ne pourrait donc voyager physiquement que vers l'avenir en se transformant en voyageur de Langevin, pour peu qu'on arrive à se déplacer à des vitesses proches de celle de la lumière : on pourra ainsi revenir âgé d'un an de plus sur la Terre qui aura, elle, vieilli d'un demi-siècle et voir ses enfants devenus centenaires. Cet effet -que l'on devrait plutôt appeler expérience de pensée que paradoxe puisqu'il est avéré- est une conséquence surprenante de la relativité généralisée, tout à fait prouvée et vérifiée ; il est déjà mesurable aux vitesses des satellites mais ne joue que sur quelques secondes de jeunesse gagnées par les astronautes les plus assidus. Les systèmes de navigation comme le GPS ne peuvent d'ailleurs donner des positions si précises, à moins d'un mètre près, que parce qu'ils prennent bien en compte l'effet relativiste. (17)

On sait aussi, mais c'est moins connu, que la gravitation peut permettre de se déplacer dans le temps, un peu comme un déplacement à vitesse proche de celle de la lumière : plus la gravité augmente, plus les secondes s'allongent. C'est une conséquence observée et mesurable de la relativité, au point que des horloges atomiques modernes sont capables de mesurer des différences d'altitude d'une dizaine de centimètres par la simple différence de gravité ambiante. Je ne peux m'empêcher de citer l'exemple du sous-marinier qui a gagné une microseconde de vie par rapport à son camarade de la surface après avoir vécu un an à 300 mètres de profondeur. Un séjour aux abords d'une étoile à neutrons serait beaucoup plus efficace puisque la gravité régnante y est si forte que le temps y est ralenti de l'ordre de 30% par rapport au temps terrestre. Au fond d'un trou noir, pour peu qu'on puisse y arriver, les secondes deviennent infinies et on peut dire que le temps s'arrête carrément ! Ce lien entre le temps et la gravitation est moins connu que l'effet des accélérations sur les âges respectifs des jumeaux de Langevin : on sait que plus on va vite, moins on vieillit, mais qui sait que plus on pèse, moins on vieillit aussi ? Ce qui ne veut pas dire que l'obésité peut constituer une cure de jeunesse ! Cet effet extraordinaire, tout à fait quantifiable et mesurable à notre niveau, illustre bien la relation étroite qui existe entre la gravitation, à laquelle est associée la particule graviton, et le temps.

Une voie explorée depuis plusieurs années, qui permettrait de voyager dans le temps, est celle de la présence possible de « trous de ver » dans l'espace, une conséquence prise très au sérieux des théories d'Einstein. L'idée, évoquée au chapitre 2, du temps qui pourrait se reboucler sur lui-même comme un ruban de Möbius apparaît encore comme de la science-fiction actuellement, mais ce n'est pas le cas de celle des « trous de ver » nettement plus prometteuse. Ces trous dans l'espace pourraient permettre des déplacements instantanés entre deux points très distants, jusqu'à des années-lumière entre l'entrée et la sortie, et aussi de voyager dans le temps ; mais ils ne constituent qu'une hypothèse qui semble encore extravagante à une majorité de scientifiques aujourd'hui, mais pas tous : certains physiciens et cosmologistes travaillent on ne peut plus sérieusement sur cette question. Leur existence, tout à fait compatible avec les lois de la relativité généralisée, ne pourra être démontrée que lorsqu'on aura trouvé les lois de la gravité quantique qui pourront peut-être nous dire si oui ou non le voyage dans le temps est possible à travers eux. Quant à trouver un « trou de ver » près de chez vous et à le franchir intact, c'est une autre histoire, et il ne faut pas oublier qu'il vous propulsera dans le passé ou dans le futur mais aussi ailleurs dans l'univers. Pour voyager dans le temps, il faudra non seulement en prouver l'existence, mais encore les créer et pouvoir contrôler la destination finale, géographique et temporelle : ce n'est pas pour demain !

Dans l'autre sens, du côté de l'infiniment petit, une autre voie est ouverte par la physique quantique, encore elle ! On a déjà comparé l'antiparticule positron à un électron qui remonterait le temps, mais il y a mieux : des expériences faites avec des photons, en l'an 2000, ont montré que l'on pouvait modifier l'histoire d'un photon ! Cette expérience baptisée de manière absconse « gomme quantique à choix retardé », et largement renouvelée depuis, remet complètement en cause le sacro-saint principe de causalité. En termes simples, c'est comme si un photon avait décidé de changer son chemin en fonction du résultat de la mesure faite au bout de son parcours. On est incapable d'expliquer aujourd'hui cette « causalité rétrograde » pourtant observée dans les laboratoires, notamment grâce aux célèbres expériences du physicien français Alain Aspect. Il a réussi à montrer en 1982 que deux particules « intriquées » sont reliées à distance, sans aucun lien physique entre elles. C'est comme si chaque particule pouvait communiquer instantanément à sa jumelle lointaine le résultat de la mesure qu'elle vient de subir. C'est aussi incroyable que de jouer à pile ou face avec un partenaire sur Mars et de savoir que si vous tirez « pile » à Paris, l'autre joueur a aussi tiré « pile » au même moment, en supposant bien sûr que leurs deux pièces ont été initialement intriquées à un moment ou un autre. Si on inverse le raisonnement on peut dire aussi que la particule mesurée a envoyé dans le passé un signal qui force l'autre particule à afficher un résultat conforme aux prédictions de la mécanique quantique. Olivier Costa de Beauregard (1911-2007), à propos de ce phénomène, n'a pas hésité à parler de causalité rétrograde, signifiant par-là que la causalité ne va pas obligatoirement du passé vers le futur et qu'elle peut emprunter le chemin inverse : on peut altérer le passé, autrement dit l'histoire peut être influencée par le futur, incroyable mais vrai ! (18) (19)

Cette causalité rétrograde peut déboucher sur un autre paradoxe du monde quantique que l'on peut considérer comme un cas particulier du précédent : celui des boucles temporelles, ou boucles causales, autorisées par la théorie de la relativité. Rien n'interdit, en effet, qu'une particule élémentaire puisse connaître un évènement A et y revenir au bout d'une certaine durée de son temps propre, mais il ne serait cependant « vécu » qu'une seule fois. Cette possibilité théorique est à la base de nombreux paradoxes temporels ; du coup certains scientifiques émettent la conjecture de protection de la chronologie qui interdirait ces boucles causales et les voyages dans le temps grâce à l'intervention d'un autre facteur inconnu qui empêcherait le retour dans le passé. Une autre conjecture me vient aussitôt à l'esprit : si ces boucles sont possibles au niveau quantique, et surtout si le temps est lui-même quantique, pourquoi ne rencontrerait donc pas le même phénomène de « décohérence » que pour la matière ? Ainsi le voyage dans le temps, possible pour des particules et peut-être des assemblages de particules, deviendrait impossible à partir d'un certain seuil, celui de la « décohérence », ce qui interdirait ce voyage à tout organisme vivant supérieur ou toute machine complexe. Ne serait-ce pas là le mystérieux facteur de protection des chronologies et l'origine possible de notre fameuse « flèche du temps » ?

Autre phénomène intéressant et avéré : des électrons fortement accélérés dans un accélérateur de particules subissent une augmentation de température, aux effets mesurables, due à l'effet Unruh, du nom du physicien canadien qui l'a découvert en 1976. Cet effet prédit qu'un observateur en mouvement uniformément accéléré se retrouve dans un environnement de plus en plus chaud. Il implique qu'un être biologique ne pourra jamais s'approcher réellement de la vitesse de la lumière sans brûler avant ! Cet effet peut donc servir d'argument pour nier la possibilité de concevoir une machine à remonter le temps utilisable par des êtres vivants. Il montre en réalité qu'il sera bien difficile à un être humain d'atteindre une vitesse proche de celle de la lumière ou de franchir sans dégâts la frontière d'un trou noir : on admet aujourd'hui qu'un organisme humain ne pourra jamais visiter un trou noir sans être irrémédiablement détruit. On peut aussi se poser la question pour les « trous de ver » : dans quel état le voyageur sera-t-il de l'autre côté du trou ?

Le voyage aller-retour dans le temps d'un être humain avec ses souvenirs est une pure utopie. La flèche du temps, comme celle de l'entropie, est là pour l'empêcher. Cependant il est tout à fait possible de faire des sauts dans le temps, vers le passé comme vers le futur, mais sans espoir de retour. Le concept des « trous de ver », compatible avec l'état actuel des lois physiques, est le moyen le plus plausible pour permettre ce voyage temporel, très probablement là aussi sans espoir de retour ; encore faudra-t-il d'abord en valider le concept dès qu'on en saura un peu plus sur la gravitation et ensuite pouvoir trouver ou créer ces trous. Du côté des particules quantiques la réversibilité du temps semble à l'inverse avérée : elles auraient le pouvoir incroyable de revenir dans leur passé et même de le modifier. Le phénomène est réellement observé, contrairement aux « trous de ver », mettant à mal la notion de causalité classique, comme si ces particules avaient le pouvoir d'inverser le sens du temps. Il ne faut cependant pas en déduire que le voyage dans le temps est envisageable pour des organismes vivants ou des machines compliquées, en raison du seuil -observé mais imprécis- de « décohérence » qui rétablit l'ordre normal des choses dès que l'on a affaire à un ensemble d'atomes ou de molécules plus important ou plus complexe. Le seuil de déclenchement de cette décohérence et ce qui la provoque demeurent totalement inexpliqués, et ne risquent pas de donner lieu à des applications pratiques avant...un certain temps.

3 Voyage dans le temps

4 Invariabilité du temps

Le temps est-il le même partout et toujours?
La vitesse de la lumière aussi ?

Le principe de l'universalité du temps, selon lequel le temps est le même en tout lieu de l'univers, a toujours cours et a même résisté à la relativité généralisée. C'est sans conteste une hypothèse très utile pour expliquer nos lois physiques car, sans elle, on serait amené à dire que vérité en deçà du système solaire -ou de l'univers visible-, erreur au-delà, pour paraphraser Blaise Pascal. Cependant, en vertu de quoi peut-on décréter que le temps est « universel », au même titre que la gravitation ou la charge de l'électron ? Toutes les approches mathématiques de la cosmologie sont basées sur le principe de l'homogénéité et de l'isotropie de l'univers, or il n'y a pas plus inhomogène et anisotrope que notre univers visible. Cette inhomogénéité se constate depuis les plus petites dimensions, la fameuse « mousse quantique » à l'échelle des quarks, jusqu'aux échelles cosmiques où l'observation des grumeaux stellaires que sont les galaxies et les amas d'étoiles ne cesse d'intriguer. La formation de ces grumeaux n'a d'ailleurs toujours pas reçu d'explication satisfaisante.

Cette non uniformité de l'univers s'étend aussi au domaine non visible et a été magnifiquement illustrée par les analyses de plusieurs satellites : COBE en 1992, puis WMAP en 2001, et plus récemment « Planck » lancé à Kourou par une Ariane 5 le 14 mai 2009, véritable merveille cryogénique. Ils ont mis en évidence les fluctuations du rayonnement fossile de l'univers, appelé aussi fond diffus cosmologique, qui sont les traces les plus lointaines du Big Bang, à l'époque où notre univers n'avait que 380 000 ans, au moment où il est devenu brutalement visible. Petite parenthèse à ce sujet pour donner la réponse à une question qui revient parfois sur le tapis : où a eu lieu le Big Bang ? Autrement dit où est le centre de l'univers dans ce fond diffus cosmologique ? La réponse est presque triviale : puisque notre univers a été complètement créé et en expansion à partir de ce point, il est tout à fait exact de dire que le début de l'expansion était et est toujours exactement en tout point de l'univers, c'est à dire partout ! Pour en revenir au fond diffus, les splendides images de synthèse qui en ont été faites ressemblent

4 Invariabilité du temps

plus à une dentelle aléatoire qu'à un tissu uni, mais le projet français « Planck » a donné une telle quantité d'informations, tellement plus riches et plus précises que celles obtenues par les deux premiers satellites, qu'il a fallu pas moins de quatre ans pour les dépouiller et en déduire les conséquences sur nos théories actuelles. En 2018 on a pu ainsi confirmer globalement notre modèle cosmologique. Ceci pour dire que si l'univers observable est si peu homogène et isotrope, il y a toutes les raisons de penser qu'il en est de même pour le temps. On s'obstine à imaginer qu'il est le même partout alors que ce n'est qu'une petite vision locale, bien commode il est vrai : on baigne trop dans le principe de son uniformité pour oser le remettre en cause.

La théorie de la relativité restreinte repose aussi sur cette uniformité et sur le postulat que la vitesse de la lumière est constante et ne dépend pas du référentiel dans lequel on la mesure, ni du mouvement de la source. Elle a pour conséquence de produire les effets bien connus et dérangeants de dilatation et de contraction des longueurs et des temps. Et si on inversait les hypothèses ? On pourrait considérer, par exemple, que deux horloges rigoureusement identiques, l'une sur Terre et l'autre en orbite, indiquent en réalité bien le même temps et que l'écart observé est dû en fait à une très légère différence de la vitesse de la lumière entre les deux plates-formes. Ceci ne contredirait pas l'expérience de Michelson-Morley, qui a prouvé que la vitesse de la lumière n'était pas influencée par la vitesse de déplacement de la Terre, puisqu'il s'agit d'une mesure faite sur un seul et même lieu, donc avec une vitesse de la lumière unique à cet endroit. On pourrait considérer aussi que le cœur de l'astronaute qui se déplace très rapidement dans l'espace et celui de son jumeau resté sur Terre battent bien au même rythme et

4 Invariabilité du temps

qu'ils vieillissent en réalité de la même manière : il n'y aura plus alors de différence d'âge entre eux lorsqu'ils se retrouveront. Ce serait une autre manière d'aborder la relativité : par la variabilité de la vitesse de la lumière ! Pourquoi n'a-t-on pas exploré plus profondément cette voie qui ferait varier la vitesse de la lumière en fonction de l'accélération et du champ de gravitation ? Ceci pour aboutir à une nouvelle formulation, probablement beaucoup plus complexe que celle que j'ose donner en conclusion du chapitre 7.

Le temps, la gravité et la vitesse de la lumière sont indubitablement liés, mais ne serait-ce pas là l'objet d'une nouvelle théorie plus large, englobant les théories quantiques et celle de la relativité générale que l'on n'arrive toujours pas à concilier aujourd'hui. Le postulat de la constance de la célérité de la lumière n'est finalement qu'un principe généralement admis et vérifié autour de nous ; rien n'empêche pourtant de le remettre en cause et de penser que la vitesse de la lumière pourrait très bien varier dans le temps et dans l'espace, bien sûr dans des temps très éloignés de nous et dans des espaces astronomiques ou quantiques. Les théories d'Einstein sont malheureusement tellement bien ancrées dans les esprits qu'il n'est pas question de les remettre en cause, tant elles ont donné lieu à des prédictions parfaitement vérifiées par la suite. Cela n'empêche pourtant pas certains de penser qu'elles pourraient être « un peu fausses », tout comme les lois de Newton qu'elles ont sérieusement remises en question mais qui sont toujours enseignées dans les écoles, tout simplement parce qu'elles restent valables dans nos domaines habituels ! La relativité « élargie », si on peut l'appeler ainsi, basée sur une vitesse de la lumière pas si constante que ça, devrait forcément rester compatible avec les découvertes déjà acquises et élargir leur

4 Invariabilité du temps

domaine de validité vers l'infiniment grand et l'infiniment petit. Einstein était parti de l'hypothèse que la vitesse de la lumière était infranchissable et lui a permis d'énoncer l'équivalence entre la masse et l'énergie. Mais sa célèbre formule ne repose finalement que sur un postulat qui pourrait très bien tomber à la lumière -c'est le cas de le dire- d'une nouvelle théorie très attendue : voir à ce sujet, à la fin du chapitre 6, le cas des neutrinos dont on a cru tout récemment qu'ils pouvaient dépasser la vitesse de la lumière, exemple qui illustre le fait que des scientifiques n'hésitent pas aujourd'hui à remettre enfin en cause ce sacro-saint principe.

Savez-vous aussi que la vitesse de la lumière peut tomber à zéro ? On a déjà réussi à créer en laboratoire de véritables pièges à lumière dans lesquels les photons sont quasiment arrêtés, sans être toutefois "dans le vide" bien entendu. Mais je pense surtout à ces phénomènes, peut-être les plus extraordinaires de l'univers, que sont les trous noirs. Ils absorbent absolument tout ce qui passe à leur portée et rien n'en ressort, si l'on excepte ce qu'on a appelé le rayonnement « Hawking » : même la lumière est condamnée à rester indéfiniment à l'intérieur de ces objets mystérieux et ponctuels ! Un observateur extérieur en déduirait que la vitesse de la lumière y est devenue nulle : le temps s'arrête véritablement au cœur d'un trou noir ! Ô temps, suspends ton vol... Vous voulez toujours parler de la vitesse constante de la lumière ?

Pourquoi, alors, la célérité de la lumière dans le vide, $c=299\ 792\ 458$ m/s, est-elle considérée comme une constante universelle de la physique, un invariant ? Elle doit ce statut particulier au seul fait qu'on n'a jamais pu observer à ce jour un phénomène physique la dépassant et surtout qu'elle est à l'origine de la théorie de la relativité, encore incontestée aujourd'hui, basée sur l'hypothèse émise par Einstein (et dire que l'on peut lire encore dans certaines revues scientifiques sérieuses que c'est la théorie de la relativité qui explique que l'on ne peut pas dépasser cette vitesse alors même qu'elle repose sur ce postulat !). Je ne peux cependant pas m'empêcher de remarquer que les physiciens ne sont pas d'accord sur la définition même de ce qu'est une constante universelle, ni sur leur nombre. Cette constante est-elle vraiment applicable dans tout l'univers et indépendante du temps écoulé, qui peut l'affirmer ?

La plupart des physiciens admettent dans cette famille des constantes « universelles », outre la vitesse de la lumière, la constante de gravitation et la constante de Planck ; certains en ajoutent d'autres comme la constante de Boltzmann et la constante de structure fine qui régit la force électromagnétique. Il n'est pas encore d'usage d'y faire figurer la constante cosmologique qu'Einstein a ajoutée à ses propres équations pour justifier l'expansion observée de l'univers : celle-ci caractérise la densité d'énergie du vide et est plus à considérer comme un paramètre fondamental dont on ne connaît pas encore vraiment la valeur. Comme quoi cette notion de constante universelle ou fondamentale est une commodité essentielle pour établir nos théories et permettre des calculs, mais tout cela reste très conventionnel et donc fragile.

Grâce à Einstein, on sait maintenant que le temps ne s'écoule pas de la même manière pour des observateurs qui se déplacent à des vitesses différentes, d'autant plus qu'elles se rapprochent de celle de la lumière. Une seconde ne représente pas la même durée pour l'un et pour l'autre ; on peut donc dire que l'unité de temps que

4 Invariabilité du temps

nous utilisons est loin d'être une constante universelle. Que veut-on dire alors quand on démontre que l'âge de l'univers est environ de 13,8 milliards d'années, 13,77 pour prendre la dernière valeur officielle validée par le satellite Planck ? Il se pourrait très bien que cet âge ne soit qu'une donnée locale de l'univers proche de nous, valable seulement pour un observateur situé dans notre système solaire ; à preuve d'ailleurs, démontrée comme conséquence de la relativité générale, que le temps s'arrête au fond des trous noirs ! (20)

Dans le même ordre d'idée, sur la variabilité du temps, il faut se demander s'il s'est toujours écoulé de la même manière à travers les âges, de même qu'on se demande encore si les lois de la physique sont bien immuables et ne varient pas dans le temps ? Paul Dirac s'était déjà posé cette question il y a plus de cinquante ans sur l'invariabilité dans le temps des constantes fondamentales de la physique, dont font partie la vitesse de la lumière et la seconde de temps ou plus exactement ce qui lui sert d'étalon, et on va voir au chapitre suivant que cette brave seconde a une fâcheuse tendance à varier. Il existe d'ailleurs aujourd'hui des théories construites sur une vitesse variable de la vitesse de la lumière et qui restent compatibles avec la relativité restreinte, au moins dans notre domaine habituel. Le théoricien américain Lee Smolin est un des rares physiciens contemporains à se poser la question (Cf opus note 13) : « Pourquoi serait-il impossible que la vitesse de la lumière varie avec le temps ? Et une telle variation pourrait-elle être détectée ? ». Les physiciens n'ont toujours pas apporté de réponse à cette importante question et continuent à concevoir des expériences dans ce but. Ainsi la vérification de cette supposée invariabilité temporelle est un des objectifs assignés à l'expérience PHARAO

(Projet d'Horloge Atomique par Refroidissement d'Atomes en Orbite), préparée par l'ESA et le CNES et prévue pour être embarquée à bord de la station spatiale internationale en 2020 (mission ACES Atomic Clock Ensemble in Space). L'hyper précision de cette horloge va peut-être nous apporter des éléments nouveaux. Il est difficile en effet d'imaginer que le déroulement du temps était le même aujourd'hui qu'au moment du Big Bang où tant d'évènements se sont passés dans un univers au volume extrêmement réduit -la taille d'une noix !- et dans un temps aussi bref, lorsque notre univers atteignait l'âge impensable de 10^{-43} secondes, c'est-à-dire un chronon, la plus petite partie de temps définie dans le chapitre 2 ? Ces secondes-là, ou plutôt ses infimes portions, ont bien peu de chance d'être comparables à nos secondes d'aujourd'hui que l'on a d'ailleurs tant de mal à définir précisément. On est incapable d'assurer que le temps s'est toujours écoulé uniformément dans l'univers, de la même manière qu'on peut raisonnablement penser qu'il n'a pas la même signification sur notre Terre et aux confins de l'univers où règnent le vide, le néant et l'immobilité (ou d'autres univers ?). Dans un néant total, où rien ne se crée ni ne bouge, la notion de temps finit par disparaître purement et simplement. Il faut déduire de tout cela que l'unité de temps n'est pas une constante, avec pour conséquence immédiate que la vitesse de la lumière ne peut pas être considérée, elle non plus, comme une constante de l'univers. (21)

Il y a quatre siècles on pensait encore que la Terre était au centre de notre univers, lequel se réduisait alors au système solaire contenu dans une espèce de sphère étoilée ; on pensait aussi jusqu'en 1920 que la voie lactée, c'est-à-dire notre galaxie, constituait tout l'univers, les nébuleuses visibles étaient supposées être des amas de gaz pouvant donner naissance à de nouvelles étoiles à l'intérieur de notre galaxie. Quel choc ont dû ressentir nos grands-parents lorsqu'ils ont appris que ces nébuleuses étaient en fait des galaxies composées de centaines de milliers d'étoiles, comme la nôtre, et qu'il y en avait des milliards ! Avec la découverte de la relativité généralisée et des galaxies lointaines, extérieures à la nôtre, la convergence s'est faite sur une conception encore plus vaste de notre univers né dans un grand Big Bang.

Aujourd'hui nombre de physiciens et de scientifiques décrivent de plus en plus souvent notre univers comme un ensemble indénombrable -et malheureusement inobservable- de bulles-univers ayant chacune leurs propres caractéristiques et constantes, à commencer par la vitesse de la lumière, la gravité, leur composition en particules, etc. Notre univers tel qu'on le connaît ne serait qu'une petite bulle parmi d'autres dans un gigantesque ensemble de « mondes parallèles », comme on les appelait autrefois, et à qui on attribue désormais les noms de « mégavers », « multi-univers » ou « multivers » (je préfère ce dernier néologisme qui, au moins, ne mélange pas les origines grecque et latine). Je me plais à imaginer cet ensemble multivers comme une vaste soupe de champagne cosmique. Notre univers n'y serait qu'une bulle de taille croissante et montant vers le haut (ceci pour figurer l'entropie, la flèche du temps et la gravitation dans lesquelles nous vivons), côtoyant des myriades d'autres bulles, indépendantes de la nôtre, insaisissables et hors de portée de nos moyens d'observation mais possédant chacune des caractéristiques très différentes, certaines pouvant diminuer de taille jusqu'à disparaître, entrer en collision avec la nôtre en laissant des traces sous forme de grumeaux et de trous dans notre fond diffus

4 Invariabilité du temps

cosmologique ; et même aller dans des directions différentes bien que ce ne soit pas le cas rencontré habituellement dans nos crus champenois. Chaque bulle-univers a pu prendre naissance dans une singularité similaire à notre Big Bang -on peut dire ex nihilo-, à des moments divers et variés, un peu comme les bulles dans notre coupe qui se forment à partir de microparticules sans raison apparente.

Cette théorie du multivers connaît une certaine vogue car elle banalise en quelque sorte le phénomène du Big Bang et permet d'expliquer certains aspects quantiques, mais pas tous, loin de là. Elle ne résout pas, en tout cas, la question de la dimension du contenant, du « récipient » : fini ou infini ? Et on ne fait que reporter à un autre niveau le problème de son origine : comment cette soupe cosmique est-elle apparue, qu'y avait-il avant ? L'idée reste intéressante pour illustrer le fait que chaque bulle ayant ses propres caractéristiques, ses propres constantes, on ne peut plus parler de constantes « universelles », à commencer par la vitesse de la lumière et son unité dérivée la seconde ; à supposer d'ailleurs que la lumière y existe puisque certaines bulles pourraient ne pas contenir de photons du tout ! Les valeurs que nous avons l'habitude de considérer comme des constantes ne peuvent l'être que dans la petite portion de bulle qui nous entoure. Finalement, pour en revenir à la relativité généralisée, on en vient à se demander comment Einstein a pu élaborer une si belle théorie, confirmée par de très nombreuses expériences et jamais vraiment remise en cause jusqu'à présent, en se basant sur la simple constance de la vitesse de la lumière et l'impossibilité de la dépasser. Le fait est qu'elle marche bien pour nous, à condition de ne pas la repousser dans ses derniers retranchements, ce qu'on est en train de faire depuis des décennies en cherchant

4 Invariabilité du temps

la bonne théorie quantique capable de concilier des observations étonnantes et contradictoires.

> *Le temps n'a pas un caractère universel et n'est pas homogène : il dépend déjà, on le sait, de données locales de l'espace. Le temps varie peut-être aussi avec l'âge de l'univers dans lequel nous vivons. Quant à la vitesse de la lumière, malgré le principe généralement admis avec Einstein qu'elle ne peut pas être dépassée, il semble présomptueux de déclarer qu'elle est constante à l'échelle de l'univers. De nouvelles théories, comme celle des supercordes ou de la gravité quantique à boucles, pourraient tout remettre en question, un peu comme les lois de Newton ont été rendues « un peu fausses » avec la relativité. La très novatrice théorie de la gravité quantique à boucles émise en 1986 est la plus séduisante car l'espace-temps n'y est plus considéré comme une donnée continue et linéaire : elle le représente comme une « mousse » faite de petits volumes d'espace et de temps, l'espace-temps devient ainsi discret, granulaire ; et la quatrième dimension, celle du temps, n'y échappe pas et devient aussi une grandeur discontinue. Quelle que soit la théorie gagnante, on peut parier que la vitesse de la lumière et l'unité de temps y occuperont une place privilégiée, non pas en tant que constantes, mais en tant que variables élastiques, de nature discontinue du côté de l'infiniment petit et pouvant devenir négatives, voire imaginaires, comme les nombres complexes. (22)*

4 Invariabilité du temps

La seconde est-elle vraiment une constante ?

Cette question est dans la continuité de celles du chapitre précédent : « Le temps est-il le même partout et toujours? La vitesse de la lumière aussi ? », mais elles sont tellement fondamentales qu'elles méritent d'être développées sous une autre forme.

On vit complètement dans l'idée que notre étalon de temps, la seconde dans le système international, est invariable et immuable. Or nous avons déjà vu que la seconde pouvait se « dilater » pour ceux qui voyagent à des vitesses très élevées et que cette même seconde avait une fâcheuse tendance à se rallonger quand la

5 La seconde est-elle une constante ?

gravité augmente. Cette distorsion temporelle est loin d'être négligeable puisqu'à la surface du soleil le temps coule plus lentement que chez nous dans une proportion de deux millionièmes, soit 64 secondes de plus par an ; et en son centre vingt fois plus lentement, soit 5 minutes supplémentaires par an. Exactement comme si l'unité de temps raccourcissait lorsque la gravitation augmente, en proportion inverse l'une de l'autre. On peut donc raisonnablement se demander si notre chère seconde est toujours la belle constante invariable que l'on croit dans un univers où tout bouge et où la gravité évolue énormément : que devient-elle dans un trou noir ou à sa proximité ? Comment ne pas mettre en doute aussi l'invariabilité de notre étalon de temps aux confins de l'univers, ou à l'époque du Big Bang ? Il y a en effet toutes les raisons de penser que ce bel étalon varie selon l'endroit où l'on se trouve dans l'univers, spatialement et temporellement. Le problème ne résiderait-il pas dans sa définition même ?

La seconde, expression la plus courante du temps pour nous, mesure quelque chose qui se déplace (les oscillations d'un pendule, le temps mis par une onde ou autre chose pour aller d'un point A à un point B, etc.) ou qui change d'état : le film de la tasse qui se brise par terre, notre vieillissement, la naissance d'une étoile, etc. Il semble évident, à notre échelle humaine, de considérer que ces déplacements ou modifications n'ont pas de raison de varier, toutes choses étant égales par ailleurs, selon l'endroit où l'on se trouve et l'époque considérée. Ainsi, un record du monde en secondes n'a apparemment pas de raison de changer s'il est enregistré à Paris ou à Pékin, ou s'il a été mesuré aujourd'hui ou en 1900. Mais revenons aux origines de notre univers : il y a eu une telle quantité d'évènements qui se sont passés dans ses premiers instants, et

5 La seconde est-elle une constante ?

tellement rapidement (les théories actuelles, telles celles établies par Stephen Hawking, décrivent ce qui a pu se passer dans l'infime première fraction de seconde d'existence de l'univers, à partir de l'instant 10^{-43} s !), que je ne peux pas m'empêcher de penser que le temps se déroulait alors incroyablement plus rapidement que maintenant. Au sujet de cette inflation brutale, quasi instantanée, de l'énergie et de la matière initiales, certains théoriciens ont imaginé une nouvelle particule pour l'expliquer, « l'inflaton ». Son existence n'a pas été prouvée et ne pourra peut-être jamais l'être ! Il n'est pas interdit de penser que cette gigantesque et brutale inflation (c'est lui le véritable Big Bang !) pourrait être due à la gestation du temps lui-même, en concomitance avec la création des premières particules. Notre seconde valait peut-être alors incroyablement plus que celle utilisée par l'Homme aujourd'hui, comme si on avait affaire à un film extraordinairement accéléré. Il me semble en effet bien présomptueux d'affirmer que le temps s'écoulait alors avec la même uniformité que celle constatée maintenant. Quand on annonce un âge de l'univers, je me demande toujours à quelle unité on fait référence : la seconde ? Pour moi, la seconde est une durée éminemment variable au sein de l'univers et dans son processus d'évolution. Cette idée est aussi reprise dans la théorie du multivers dont les bulles-univers auraient des « constantes » très différentes de l'une à l'autre.

Le gros problème qu'entraîne cette idée de variabilité du temps réside dans le fait que le temps nous sert de référence pour tout mesurer ! C'est peut-être la raison pour laquelle on redoute de mettre en cause son universalité et son uniformité. La seconde de temps et ses dérivées (années, heures, minutes, etc.), nous servent en effet à mesurer les quantités suivantes :

5 La seconde est-elle une constante ?

1. Les *longueurs*, puisque le mètre étalon est défini comme le temps que met une certaine onde bien précise à le parcourir,
2. Les *vitesses*, mesurées en m/s, qui ne sont jamais que des longueurs parcourues pendant une seconde,
3. Les *accélérations*, dérivées des vitesses, qui mesurent des modifications de vitesse dans le temps (m/s^2),
4. La *gravité*, illustrée par le fait que le caillou qui tombe au sol met plus de secondes à parcourir une même hauteur de départ sur la Lune que sur la Terre, sans oublier qu'elle se mesure aussi en accélération (m/s^2),
5. L'*énergie* elle-même fait intervenir sans cesse le temps, que ce soit
    - L'énergie potentielle liée à la gravitation,
    - L'énergie cinétique qui est par définition une vitesse,
    - L'énergie thermique qui mesure l'agitation des molécules,
    - L'énergie électrique qui correspond à un débit d'électrons, donc dans un temps donné (elle se mesure, par exemple, en Kwh, une heure valant 3600 secondes…),
    - L'énergie nucléaire enfin, liée à la vitesse de la lumière grâce à Einstein.

Bref, dans notre monde, toutes nos mesures ou presque sont indissolublement liées au temps t, absolument tout fait référence au temps, ce qui pose la question de l'indépendance réelle des unités dites «fondamentales». On comprend, à ce propos, que ce n'est pas par hasard si la seconde de temps a été déclarée « unité fondamentale » ou « unité de base » ! Dire que certains savants contestent son existence, ou plus exactement la

5 La seconde est-elle une constante ?

réalité du temps lui-même (voir chapitre 1)... Alors si la seconde est à la base de toutes nos mesures sans être vraiment constante, que cela peut-il signifier ?

Il va tout d'abord falloir revoir la théorie de la relativité généralisée, puisqu'Einstein l'a conçue en partant du postulat que la vitesse de la lumière dans le vide est une constante et ne peut pas être dépassée. Si la seconde devient variable dans la durée et dans l'espace, cela implique que la vitesse de la lumière est aussi variable. Cela ne signifie pas pour autant que les lois de la relativité sont bonnes à mettre au panier : elles seront en fait toujours valables dans notre environnement actuel, comme le sont toujours les lois de Newton qui ont pourtant été profondément remises en cause par la relativité. La question subsidiaire que l'on ne peut pas manquer de se poser alors est : « comment varie cette seconde ? ». Il est impossible aujourd'hui d'avoir une idée précise de la variabilité de la seconde dans l'espace lointain et il faudra attendre l'émergence d'une nouvelle théorie pour cela.

Quant à sa variabilité dans le temps, je me suis livré à un petit calcul intéressant, quoique scientifiquement discutable, pour essayer de voir l'impact d'une minuscule erreur sur la durée de la seconde au moment où l'univers était âgé de 380 000 ans, date de son expansion brutale et de ses toutes premières images données par le satellite Planck. On sait que pour accorder nos horloges atomiques à l'heure astronomique liée à la rotation de la Terre dans l'espace, il faut de temps en temps ajouter une seconde, dite « intercalaire », à nos horloges, entre UTC (Temps Universel Coordonné) et TAI (Temps Astronomique International) pour être précis. On le fait soit le 31 décembre, soit le 30 juin à minuit. Il y a eu ainsi 27

5 La seconde est-elle une constante ?

ajouts d'une seconde depuis 1972 ; le dernier a eu lieu le 1er janvier 2016. Même s'il est question de modifier ce système de recalage en 2023, ce décalage existe et est heureusement très faible puisque qu'on peut chiffrer l'erreur correspondante à près de 10^{-8} par an (qui correspond à un décalage d'environ une seconde sur deux ans). Admettons donc que l'on fasse chaque année un ajustement de seulement 10^{-9} sur la valeur réelle de notre seconde, selon les références que l'on prend, atomiques ou spatiales. Si on suppose que cette erreur est identique chaque année et qu'on la rapporte à l'âge supposé de notre univers depuis qu'il est devenu visible 380 000 ans après sa naissance, soit il y a environ 13,8 milliards d'années, on obtiendrait le rapport suivant entre la valeur de la seconde peu après le Big Bang et sa valeur aujourd'hui grâce à la formule des intérêts composés bien connue des banquiers :

$$V_{actuelle} = V_{initiale} \times (1 + 10^{-9})^{13\,800\,000\,000} = V_i \times 984\,610$$

Avec ces hypothèses, la seconde vaudrait donc maintenant presque un million de fois plus que sa valeur au début de l'univers ! Cette formule est extrêmement sensible à la valeur de l'âge de l'univers, mais c'est peut-être notre estimation de son âge qui est entachée d'erreur... Elle montre cependant que si l'on fait une erreur aussi infime soit-elle et supposée identique chaque année, la seconde pourrait être énormément plus grande aujourd'hui qu'aux origines de l'univers visible ! Notre chère seconde n'arrête pas de s'allonger dans le temps, jusqu'à peut-être devenir infinie à la fin des temps ou au fond d'un trou noir. Finalement la seconde serait aussi « élastique » que l'univers et il n'est pas incongru d'émettre l'hypothèse que le temps ralentit avec son expansion.

5 La seconde est-elle une constante ?

Comme le temps est à la base de toutes nos mesures physiques, on peut être sûr que de nouvelles découvertes vont être faites dans lesquelles il est directement impliqué ! La question fondamentale reste celle de la vraie nature du temps. Il est omniprésent et relie toutes choses, y compris à des distances considérables, un peu comme les particules quantiques jumelles des expériences d'Alain Aspect. On peut dire que le temps est un véritable ciment de l'univers puisque tout, ou presque, repose sur lui. D'où mon idée de transposer au temps l'approche quantique qui a si bien réussi pour la matière.

5 La seconde est-elle une constante ?

La seconde est le paramètre fondamental que l'on mesure avec la plus grande précision aujourd'hui, mais il n'y a aucune raison sérieuse pour déclarer qu'elle est une constante universelle à l'échelle de l'univers. Elle l'est uniquement à notre toute petite échelle humaine. Il est permis de penser, par exemple, que la durée de la seconde s'allonge notablement avec l'âge de l'univers ; le temps ralentirait, en quelque sorte, avec l'expansion de l'univers. Elle varie aussi spatialement, ne serait-ce qu'à l'approche des trous noirs où elle pourrait subir des variations gigantesques. La variabilité de la seconde a pour effet de remettre en cause, à leurs limites, un bon nombre de nos théories, à commencer par la relativité généralisée puisqu'elle entraîne dans son sillage la variabilité de la vitesse de la lumière. La seconde est à considérer comme un moyen commode de mesurer le temps à notre échelle, mais ce n'est peut-être pas la belle constante, bien ancrée dans notre vécu et notre enseignement, sur laquelle on a bâti toute la physique contemporaine. Comme le temps et sa mesure sont à la base de tout dans notre existence, on sent qu'il devient urgent d'imaginer une nouvelle approche conceptuelle qui pourrait se révéler révolutionnaire, comme la possible nature quantique du temps. Faut-il rappeler que la définition de la seconde est devenue quantique ?

6 Précision des mesures

Peut-on mesurer le temps avec une précision toujours plus grande ?

La mesure du temps a toujours connu des limites dues aux imprécisions inévitables de toute mesure et on court toujours après la définition d'un étalon du temps. Les Anciens ont très vite compris que les clepsydres avaient des imprécisions dues aux variations de densité de l'eau, de sa température ou simplement de la pression atmosphérique. Les marins étaient tout aussi conscients

6 Précision des mesures

que le temps donné par leurs sabliers, pouvait connaître des variations provoquées par la non homogénéité du sable ou par la dilatation du verre liée à la température ambiante. L'arrivée de la mécanique a certes apporté plus de précisions dans les mesures, mais des défauts sont vite apparus : fatigue des ressorts, frottements s'accroissant avec l'usure des pivots, etc. Apparues bien plus tard, les horloges à quartz ont aussi vite montré leurs limites. Quant aux cadrans solaires et à tous les systèmes ultérieurs basés sur des observations astronomiques, on aurait pu croire qu'ils étaient à l'abri de toute usure ou autre influence atmosphérique, jusqu'à ce qu'on réalise que le mouvement apparent du soleil et des astres n'était pas aussi régulier qu'on aurait voulu le croire. On pensait avoir trouvé un bon étalon temporel avec le temps stellaire, malheureusement lui aussi subissait des variations, par exemple lorsqu'on s'est aperçu que les marées de nos océans ralentissaient la rotation de la Terre sur elle-même, nécessitant l'ajout des fameuses secondes intercalaires.

On s'aperçoit finalement que la mesure d'un temps, quel que soit l'instrument de mesure, de la clepsydre à l'horloge atomique, n'est jamais que le résultat de l'observation d'un mouvement. Il faut en déduire que la seconde n'est qu'une unité de comparaison, de troc au sens évoqué dans le premier chapitre. Si l'on ajoute que tout mouvement est mesuré par des écarts ou des changements de position dans l'espace, en se servant d'un mètre étalon défini lui-même par un temps, on peut dire que ces unités sont mutuellement référencées et que l'on tourne en rond : espace et temps ne cessent de s'emmêler. De la même manière que nos étalons de mesure des longueurs se sont heurtés au « mur de Planck », la quête d'un étalon de temps fiable et précis doit aussi se heurter à une limite infranchissable.

6 Précision des mesures

La course à la précision de la mesure du temps a toujours été un souci humain et s'est accélérée depuis le 16ème siècle avec les premiers grands navigateurs qui avaient toujours besoin d'une plus grande précision sur le temps, nécessaire pour avoir une mesure précise de la longitude : une simple erreur d'une seconde induit un écart de 463m sur la position à l'équateur ! Les chronomètres de précision, apparus au 18ème siècle, n'ont cessé de se perfectionner, au point que les chronomètres de marine ont été utilisés dans toutes les marines de guerre -et pas seulement- jusqu'à l'apparition du GPS, et on en trouve encore en service à ce jour. La « marche » de ces chronomètres, c'est-à-dire la mesure régulière de son avance ou retard, a toujours été très soigneusement suivie pour contrôler leur usure et compenser l'influence des frottements et autres effets climatiques. Les oscillateurs à quartz sont certes plus précis, mais ne les ont pas vraiment supplantés car ils sont soumis aussi à des dérives, liées surtout à la température, plus difficiles à mesurer ou compenser. Aujourd'hui, on en est aux horloges atomiques, si précises que l'on doit tenir compte de la relativité pour les exploiter au mieux ; elles sont en effet sensibles à la vitesse (une horloge à bord d'un avion « tourne » plus lentement que la même à terre) et à l'altitude, ou plus exactement à une variation de la gravité, au point qu'elles permettent aujourd'hui de détecter des différences d'altitude d'une dizaine de centimètres seulement. L'horloge à césium, améliorée en 1990, permettait déjà d'atteindre la belle précision de la picosecondes (10^{-12} s) par jour, soit moins d'une seconde tous les trois milliards d'années, et a servi de base pour définir le Temps Atomique International (TAI). Ces horloges atteignent aujourd'hui une précision de mesure de l'ordre de 10^{-15} qui ne cesse de s'améliorer.

6 Précision des mesures

C'est ainsi que l'horloge de l'expérimentation PHARAO, déjà citée dans le chapitre 4, affiche la fantastique précision de 10^{-17} et permettra de vérifier que certaines constantes fondamentales de la physique sont bien invariables dans le temps à cette nouvelle échelle, à commencer par la vitesse de la lumière dans le vide, comme quoi on a de sérieux doutes sur cette délicate question. Le record du plus petit temps mesurable en 2014 est proche de l'attoseconde, soit 10^{-18}, précision atteinte grâce à des impulsions laser ultracourtes et qui tient compte bien sûr du potentiel gravitationnel de la Terre à l'endroit de la mesure.

Malheureusement il y a une limite fondamentale dont on s'approche à grands pas due au « bruit de projection quantique », autrement dit le mur de l'incertitude quantique, d'Heisenberg ou de Planck, qui est en quelque sorte la limite ultime de résolution de l'espace-temps. Les instruments actuels permettent de se rapprocher de plus en plus du fameux chronon, la plus petite quantité de temps mesurable déjà citée, surtout si sa valeur est nettement plus élevée que le temps de Planck comme le laissent supposer certaines théories qui lui accordent généreusement une valeur d'environ 10^{-24} secondes, soit « seulement » un million de fois mieux que la précision atteinte en 2014. Il faut rappeler que juste après la dernière guerre mondiale, on avait du mal à mesurer une microseconde, mesure rendue nécessaire pour développer le nucléaire et l'électronique, entre autres, et que la précision atteinte aujourd'hui a été multipliée, depuis, par le facteur « Tera », soit mille milliards !

Si la précision de la mesure du temps n'a pas cessé de s'améliorer au cours des années, il faut remarquer aussi que la définition même du temps, ou de son étalon, n'a pas cessé non plus d'évoluer, corrélativement avec la précision des appareils de mesure. Jusqu'en 1967, depuis des siècles, la seconde de temps a toujours été définie par rapport au mouvement de la Terre. Ainsi, après avoir été la 1/86400ème partie du jour solaire moyen, elle a été encore définie en 1960 comme étant la fraction 1/31 556 925,9747 de l'année tropique 1900. En 1967, toujours pour un besoin de plus grande précision (10^{-15}, bien supérieure à celle des mesures possibles à l'époque), la seconde a été définie, lors de la 13ème conférence générale des poids et mesures, comme la durée de 9 192 631 770 périodes de la radiation correspondant à la transition entre les deux niveaux hyperfins de l'état fondamental de l'atome de césium 133, la rendant ainsi indépendante de tout évènement astronomique. Depuis quelques années, il est à nouveau question de changer d'atome pour avoir une définition encore plus précise de la seconde car il s'avère que les horloges optiques les plus récentes sont vingt fois plus précises que celles fonctionnant avec l'atome de césium. En théorie cet étalon est très fiable mais dans l'absolu la fréquence -ou la période- des radiations émises lors de cette transition est malheureusement soumise elle aussi à des fluctuations liées aux propriétés quantiques de la matière.

On sait aujourd'hui qu'il est vain d'espérer définir un étalon temporel idéal. La seconde de temps n'a jamais été constante dans notre histoire et il est sûr qu'elle va encore évoluer. A force de descendre vers des précisions quantiques (constante de Planck h = 6,626 x10^{-34}), elle prendra encore des valeurs plus précises et légèrement différentes, mais toujours entachées d'imprécision. Qui dit d'ailleurs qu'elle ne deviendra pas à ce stade infime une grandeur quantique, donc éminemment variable ou indéfinissable ? La seconde

6 Précision des mesures

risque de devenir, à cette échelle, une grandeur indéterminée ou plus exactement indéterminable, tout comme le chat de Schrödinger vivant ou mort à la fois, pour reprendre cette surprenante image de la problématique quantique dont il faut rappeler l'origine. Pour témoigner des lacunes de « l'interprétation de Copenhague » présentée par le physicien danois Niels Bohr en 1927, Erwin Schrödinger (1885-1961) a imaginé une expérience de pensée dans laquelle un chat est enfermé dans une boîte avec un dispositif qui tue l'animal dès qu'il détecte la désintégration d'un atome radioactif qui a une chance sur deux d'avoir lieu au bout d'une minute. Quand on ouvre la boîte au bout d'une minute, le malheureux animal a donc une chance sur deux d'être vivant, mais, avant de l'ouvrir pour constater son état, il est dans un état quantique, simultanément « mort » et « vivant » ! On n'a toujours pas réussi à lever le doute aujourd'hui : la physique quantique nous oblige à vivre avec cette incertitude.

Dans la difficulté de mesurer le temps, on avait cru atteindre un summum avec l'apparition de la relativité : Einstein a prouvé que le temps n'est pas une grandeur absolue et que son écoulement dépend de la vitesse des corps. Il est impossible de synchroniser rigoureusement deux horloges en mouvement et tout aussi impossible d'affirmer la simultanéité de deux évènements ; tout dépend de l'observateur et le temps ne peut pas être une grandeur universelle comme on l'a longtemps cru.

Il faut ajouter à cela une difficulté supplémentaire : pour la définition de la seconde on a déjà vu que l'on mesure le temps à partir du temps ! Autrement dit la définition du temps est auto-référencée et dépend du temps lui-même. De plus les mesures de longueur et de temps sont totalement interdépendantes puisque qu'on définit le mètre, mesure d'une *longueur*, comme la distance parcourue par la lumière dans le vide en 1/299 792 458 *seconde* et la *seconde* est elle-même définie à partir d'une *longueur* d'onde. Le temps ne peut se mesurer qu'à partir d'un mouvement ou de la propagation d'un phénomène physique d'un point A vers un point B (par exemple : soleil, sablier, pendule oscillant, trotteuse, onde électromagnétique, etc.), donc par rapport à un espace parcouru par quelque chose, ce qui montre bien, une fois de plus, la nature identique de l'espace et du temps si chère à Einstein. Ainsi, lorsqu'on mesure le *temps* de vol d'un neutrino entre deux points séparés de plusieurs centaines de kilomètres, on mesure la distance entre ces deux points à partir des positions GPS de l'émetteur et du détecteur qui sont elles-mêmes établies par des différences de *temps* de parcours des ondes émises par les satellites concernés.

On en arrive à la réflexion suivante : pourquoi l'indéterminisme quantique ne s'appliquerait-il pas aussi au temps ? Rappelons tout d'abord à ce sujet que l'indéterminisme n'est pas réservé à la mécanique quantique mais s'applique également à la physique traditionnelle. Henri Poincaré a été le brillant précurseur de la fameuse théorie du chaos en démontrant qu'il était impossible de prévoir à long terme, en mécanique céleste, les positions respectives de trois corps en orbite. Cette théorie est à la base de ce que l'Américain Edward Lorenz a appelé plus tard l'effet de l'aile de papillon : un simple battement d'aile d'un lépidoptère dans la jungle amazonienne peut être à l'origine d'une tornade dans le Texas ! Elle a été largement développée dans les années 1970 avec l'extension de l'informatique. Elle traduit l'hypersensibilité d'un système à une modification la plus infime soit-elle des conditions initiales pourtant parfaitement connues et mesurables, au point de rendre impossible toute prédiction de son évolution ultérieure en raison de l'immensité du nombre de degrés de libertés internes à ce système. La physique quantique va encore plus loin avec l'indéterminisme : non seulement les même causes ne produiront pas forcément les mêmes effets, mais, pour comble de complexité, l'effet peut avoir lieu avant la cause ! Il est ainsi étonnant d'apprendre que cet indéterminisme implique une sorte de libre arbitre des particules : l'homme choisit le dispositif de mesure qu'il va utiliser et la particule observée va « choisir » la caractéristique qu'elle voudra bien révéler !

Avant d'aller plus loin, il faut revenir au principe d'incertitude avancé par Heisenberg en 1927, qu'on appelle plus justement « principe d'indétermination » dans certains pays. D'après lui, on ne peut pas avoir simultanément une précision absolue sur les mesures de position et de vitesse d'une particule, plus exactement de sa quantité de mouvement, c'est-à-dire du produit de sa masse par sa vitesse ; ce qui s'écrit $\Delta x.\Delta p \geq \hbar/2$, où $\hbar$ est la constante de Planck réduite ($\hbar = h/2\pi$). En clair, si on a une idée précise de la vitesse d'une particule, on ne peut pas savoir exactement où elle est, et inversement. Ce que l'on sait moins, c'est qu'il y a la même incertitude sur la mesure de son énergie et le temps nécessaire à sa mesure, traduite par $\Delta E.\Delta t \geq \hbar$. En osant transposer cette dernière formule à notre échelle, cela voudrait dire que si on mesure avec une très grande précision, par exemple, l'énergie potentielle contenue dans un sablier ou un ressort de montre, on sera incapable de dire quel temps mesurent ces instruments : des minutes ou des secondes, en exagérant un peu bien sûr ! C'est un mystère de plus de la mécanique quantique ou plutôt de la physique quantique, qui fait dire que le temps ne peut pas être aussi ponctuel qu'on l'imagine et que toute date est forcément entachée d'une erreur, ainsi que toute mesure effectuée à partir d'une horloge aussi précise soit-elle.

Lorsque Einstein a introduit son quantum de lumière en 1905, rebaptisé photon en 1926 en raison de sa nature corpusculaire, pourquoi n'a-t-il pas pensé aussi à créer un quantum de temps ? On peut imaginer que ce quantum de temps puisse s'insérer dans une théorie quantique et qu'il faudra aussi parler à son sujet de probabilité de présence ou d'ondes de probabilité. C'est une approche qui s'est révélée très fertile en physique nucléaire, mais elle sera bien plus difficile à appréhender s'agissant du temps et risque de masquer tout autant la réalité profonde du phénomène. L'approche probabiliste n'explique pas en effet le fond des choses et une probabilité ne fait que mesurer notre ignorance en essayant de formaliser un peu ce qu'on appelle le hasard. A preuve : dès qu'on obtient la moindre information supplémentaire sur un phénomène ou un évènement, sans y changer quoi que ce soit, sa probabilité d'occurrence est aussitôt modifiée, incroyable mais vrai. Pour illustrer ce point, l'exemple étonnant du jeu de Monty Hall, qui a été souvent repris sous d'autres formes plus sérieuses, mérite le détour (23). Il montre bien que la probabilité d'un évènement peut changer profondément sans qu'il y ait eu la moindre évolution du système : une simple information supplémentaire suffit pour ce faire.

Savez-vous à ce sujet que parmi les vingt-trois plus grands problèmes mathématiques du siècle, listés par David Hilbert en 1900, cinq seulement n'ont pas encore été résolus à ce jour dont celui qui consiste à savoir s'il est possible d'axiomatiser la théorie des probabilités ? Rappelons aussi que les probabilités peuvent reposer sur des statistiques : si le résultat d'une mesure répétée un très grand nombre de fois donne la valeur V dans 25% des cas, on dira que la dite mesure a une chance sur quatre d'avoir la valeur V. Les deux méthodes permettent d'établir des prévisions, avec une dispersion ou une certitude plus ou moins grande que l'on devrait préciser à chaque fois comme dans toute bonne démarche scientifique. L'approche probabiliste est valable aussi bien pour prévoir le résultat d'un tirage au loto, préciser la position d'un électron à un instant donné, ou pour savoir si le chat de Schrödinger a finalement survécu. Pour en revenir à ce malheureux chat, il est bien vivant *ou* mort (*ou* exclusif) en réalité dans sa boîte, mais on ne sait pas, faute d'information, si la probabilité de sa survie est « 1 » ou « 0 » ! L'habituelle réponse de 50% est à considérer comme une moyenne statistique commode destinée à passer outre notre manque d'information mais ne convient pas en l'occurrence et surtout ne dira pas si le chat miaulera encore à l'ouverture du couvercle. Le plus difficile à digérer tient à ce que le doute reste total quand on s'intéresse à des particules quantiques intriquées, pas encore décohérées : elles sont vraiment à la fois « vivantes *et* mortes » !

Cet aspect probabiliste de la physique quantique est très gênant car il masque en effet l'essentiel : en expliquant qu'on a une chance sur deux de voir apparaître la face « pile » d'une pièce lancée en l'air, on prouve seulement que l'on est incapable de reconstituer la trajectoire de la pièce pourtant bien déterminée, mais trop de paramètres non maîtrisés (comme dans la théorie du chaos) entrent en ligne de compte que l'on pourrait être tenté d'appeler « variables cachées » : cela vous rappelle-t-il quelque chose ? Si on ajoute à cela le principe d'indétermination d'Heisenberg déjà évoqué, on ne sait plus très bien sur quel terrain on avance dans ce domaine ! Il se trouve que la physique quantique marche bien parce qu'elle est parfaitement vérifiée statistiquement, mais elle ne nous révèle rien sur la véritable nature de l'état intriqué des particules, ni sur le phénomène de la décohérence. Il est intéressant à ce sujet de savoir que le monde scientifique est toujours partagé sur la manière d'interpréter le phénomène quantique, entre les réalistes convaincus qu'il s'agit d'un comportement réel de la matière et les idéalistes qui pensent que c'est la simple observation, donc l'esprit, qui agit sur la matière. Cette distinction ressemble étrangement à ma première question : le temps existe-t-il vraiment ou n'est-il qu'une création de l'esprit ? Pour ma part, je me range dans la catégorie des réalistes interrogatifs : oui, le temps a une réalité, mais nous sommes incapables d'expliquer aujourd'hui en quoi elle consiste. (24)

Une anecdote amusante sur la mesure du temps a eu lieu fin 2011 et a fait la une des revues scientifiques dans le monde pendant plusieurs mois. Une équipe de chercheurs italiens a déclaré avoir montré que des neutrinos pouvaient dépasser la vitesse de la lumière, provoquant un véritable coup de tonnerre dans le monde scientifique qui s'est empressé de vérifier la chose. Cette découverte a bien sûr pris en compte l'effet relativiste puisque les neutrinos sont censés se déplacer à des vitesses proches de celle de la lumière, mais a reposé essentiellement sur la précision de la mesure de leurs temps de vol plus que sur celle de l'espace parcouru. La mesure de la distance entre le point d'émission des neutrinos et les détecteurs situés à quelques centaines de kilomètres semble en effet mieux maîtrisée, « semble » seulement car elle dépend malheureusement elle aussi du temps que ce soit par le biais des positions GPS, ou de mesures obtenues par des procédés optiques comme les télémètres laser. Il s'est avéré en fait, en 2012, que les différences de temps de vol des neutrinos étaient attribuables à un retard intrinsèque dû à un défaut bien caché de l'horloge de référence du laboratoire italien ! Cette fausse découverte est cependant intéressante : elle montre bien que nos scientifiques, en ce début de $21^{\text{ème}}$ siècle, ne maîtrisent pas totalement la mesure du temps et que la communauté scientifique redoute ou attend impatiemment toute expérience qui pourrait remettre en cause la relativité générale.

6 Précision des mesures

Le temps n'a jamais pu être mesuré ni défini avec une très grande précision et ne pourra jamais l'être ; même si cette précision ne cesse de croître régulièrement et approche de l'extrême, elle va droit dans le « mur de Planck ». Le temps n'est ni absolu, ni universel depuis 1915 et sa définition, certes de plus en plus précise et fine, commence déjà à se heurter au flou quantique. De plus espace et temps sont tellement imbriqués, l'un mesurant l'autre et réciproquement, qu'il est naturel de se demander pourquoi le temps ne serait pas lui aussi de nature quantique : les particules constitutives de la matière dans l'espace le sont, pourquoi pas le temps ? Ainsi à un indéterminisme quantique de la matière pourrait très bien correspondre un indéterminisme quantique temporel. Mais il reste beaucoup de travail à faire pour définir ce nouveau quantum temporel et ses implications. A l'échelle quantique, dans le vide, le temps pourrait ainsi être ou ne pas être, dilemme shakespearien ! Le temps pourrait donc être discret et créé à partir du néant ; ce qui permet de supposer la création simultanée d'un temps négatif, à l'instar du phénomène de création ex nihilo d'une particule et de son antiparticule. Le sujet du temps négatif sera traité au chapitre 8.

6 Précision des mesures

7 Le temps quantique

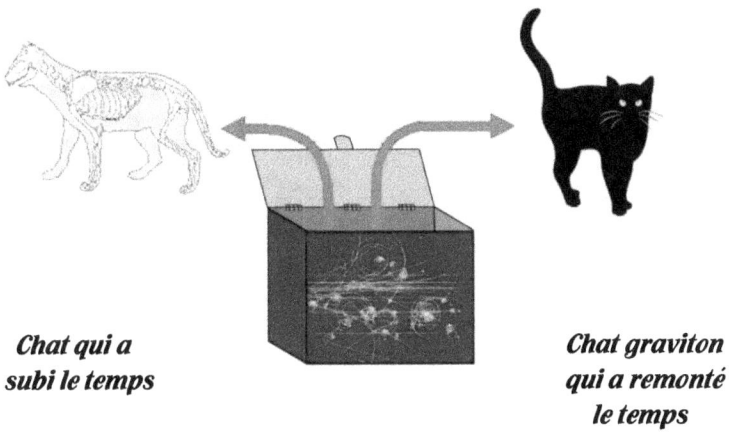

Chat qui a subi le temps

Chat graviton qui a remonté le temps

Boîte à chat de Schrödinger

Le temps est-il quantique ?

Cette question ne fait pas partie de celles que tout le monde se pose, et pour cause : je n'ai jamais trouvé la moindre allusion à cette idée dans toutes mes lectures scientifiques, tout juste une information selon laquelle on ne sait toujours pas dire en 2019 si le temps est une grandeur continue ou discrète. Ce n'est pourtant pas le cas de la gravitation puisque, dès les années 1960, Richard Feynman, le père de l'électrodynamique quantique, a commencé à publier sur sa possible nature quantique et depuis lors la gravité quantique est devenue une véritable branche de la physique théorique. Quant à la possible nature quantique du temps, Lee Smolin, un des principaux concepteurs de la théorie quantique à boucles, est un des très rares physiciens à

7 Le temps quantique

aborder sérieusement cette question aujourd'hui en émettant l'idée très controversée que le temps est un objet physique réel et que l'espace-temps ne serait pas continu et uniforme, mais serait granulaire et discontinu. Il faut citer aussi Giacomo Mauro D'Ariano, physicien italien contemporain, un des rares scientifiques qui ose affirmer que le temps est discontinu ; il va encore plus loin en affirmant que l'univers n'est qu'un ensemble d'informations quantiques, se comportant comme un vaste ordinateur quantique. Vous ne trouverez donc aucune référence d'auteur en annexe sur ce sujet du temps quantique, à la remarquable exception près des ouvrages de Lee Smolin (13 et 27). C'est pourtant une question importante qui revient comme un leitmotiv en conclusion de cinq des six chapitres précédents, peut-être trop importante précisément car elle remettrait en cause beaucoup trop d'acquis. Par exemple, la notion de temps quantique peut détruire le principe de la simultanéité et rendre obsolète la théorie de la relativité. Cette dernière, tout en restant bien sûr valable à notre échelle, ne sera plus applicable à l'échelle quantique, mais n'est-ce pas là justement ce sur quoi on bute depuis plus d'un siècle ?

La plupart des réflexions précédentes m'ont naturellement conduit à envisager que le temps pourrait être discontinu et qu'il pourrait présenter un aspect quantique. Autrement dit seule une approche probabiliste permettrait de le cerner dans les dimensions atomiques, laquelle ne fait que traduire notre ignorance de ce qui se passe réellement à ce niveau et l'impossibilité d'y faire des observations directes et des mesures. Il faut dire qu'il est bien difficile d'imaginer que le temps, aux échelles microscopiques, puisse exister ou non, voire même faire des retours en arrière ! Pourtant le

7 Le temps quantique

temps quantique est susceptible d'expliquer plusieurs phénomènes :

- les particules quantiques intriquées qui restent mystérieusement liées entre elles jusqu'à des distances sidérales, capables de modifier leur état dans un délai nul,

- l'absence de temps au fond des trous noirs ou le temps rebouclé sur lui-même à proximité de leur horizon,

- les univers multiples, rassemblés en un vaste multivers, qui se développeraient dans des temps différents,

- la fameuse décohérence quantique, chère au chat de Schrödinger.

Un autre argument joue en faveur de cette approche : on assimile couramment le temps à la quatrième dimension de l'espace-temps dans lequel nous vivons, alors pourquoi ne pourrait-il pas donner lieu lui-même à un indéterminisme quantique, à l'instar des dimensions purement spatiales ? La théorie des cordes émet bien l'hypothèse de nombreuses dimensions spatiales qui resteraient cachées à nos sens, six ou sept peut-être, comme repliées sur elles-mêmes, pourquoi ne pourrait-il pas en être de même pour la dimension temporelle ?

Un des plus grands mystères de la science réside, aujourd'hui toujours, dans les actions à distance entre corps, dont les plus connues sont les interactions électromagnétiques (dont l'aimantation) et la gravitation, et on vient d'y ajouter l'influence à distance entre particules ayant un lien quantique. Les scientifiques ont délaissé à juste titre l'explication des phénomènes électromagnétiques et gravitationnels par des « forces », terme que l'on trouve encore très souvent dans les manuels scolaires, au profit de la notion de « champs » scalaires ou vectoriels présents partout dans l'espace. Cette nouvelle approche, assez mathématique, fonctionne très bien pour décrire les effets électriques et magnétiques, sans expliquer cependant quoi que ce soit.

Dans le domaine de la gravitation -qui selon Einstein résulte de la distorsion de l'espace et du temps-, c'est pire : on cherche toujours sa nature profonde et on a un énorme problème sur les bras pour essayer de mettre en accord les lois de la relativité générale avec celles de la physique quantique ! Si la chasse au graviton est toujours ouverte, on vient de faire un progrès spectaculaire en observant pour la première fois en 2015 des ondes gravitationnelles. On avait d'abord cru les détecter dans le fond diffus cosmologique en mars 2014 grâce au radiotélescope BICEP 2 installé en Antarctique, mais il s'est vite avéré qu'il s'agissait d'une mauvaise interprétation. Pour arriver à détecter ces ondes, des interféromètres terrestres immenses et très coûteux ont été construits, pour ne citer que les principaux :

- les détecteurs LIGO, opérationnels depuis 2002 aux Etats-Unis et fortement améliorés en 2015,
- leur homologue franco-italien, Virgo, près de Pise, opérationnel en 2003 et lui aussi amélioré,
- le plus récent KAGRA, japonais, prévu pour être mis en service fin 2019.

La première détection a été obtenue par LIGO le 14 septembre 2015, vite confirmée par Virgo, sur les ondes gravitationnelles engendrées par la fusion de deux trous noirs à un milliard d'années-lumière de la Terre. Il faut

7 Le temps quantique

citer aussi l'ambitieux projet spatial conjoint ESA-NASA, LISA (Laser Interferometer Space Antenna), qui prévoit de mettre en œuvre trois satellites à l'horizon 2030-2040 pour traquer ces ondes insaisissables.

Quant au temps, personne, semble-t-il, ne pense qu'il pourrait aussi s'agir d'un champ similaire, c'est-à-dire une donnée qui existerait partout dans l'univers, au même titre que la gravitation. L'idée d'un quantum de temps -qui ne m'a été soufflée par personne- ne semble pas préoccuper le monde scientifique. On ne cherche pas du tout à prouver l'existence d'un tel quantum et même pas à l'imaginer, peut-être en raison des conséquences incroyables que cette idée implique, par exemple que le temps puisse être discret et que sa seconde-étalon ainsi que la vitesse de la lumière puissent changer de valeur. Je ne désespère cependant pas de trouver un jour une théorie scientifique qui proposera une fonction d'onde du temps, un espace de Hilbert, ou un opérateur hamiltonien qui prendra cette hypothèse à bras le corps, mathématiquement parlant.

Pour revenir aux grands mystères non résolus, il en est un récent qui intrigue au plus haut point : celui de la « décohérence » : pourquoi le comportement quantique, si extravagant, de certaines particules devient-il tout à coup normal et conforme à la physique que nous connaissons tous ? Qu'est-ce qui peut provoquer ce basculement ? Personne ne sait répondre et on en est toujours réduit à émettre des hypothèses, comme celle, très débattue, de l'existence de variables locales et cachées au plus profond de ces particules. Il y en a une intéressante, liée à mon sujet de prédilection : cette décohérence pourrait être provoquée par une interaction avec la particule-quantum de temps que j'ai imaginée, qui présente d'étranges ressemblances avec la fameuse

7 Le temps quantique

variable cachée (rappelez-vous l'exemple des atomes radioactifs qui contiennent au plus profond d'eux-mêmes une mystérieuse donnée temporelle chronométrique). Les particules en état de superposition quantique seraient ainsi « décohérées » par des actions avec les quanta de temps et entreraient brutalement dans notre temps ordinaire pour commencer une nouvelle existence plus classique pour nous. Cette décohérence temporelle pourrait expliquer aussi l'apparition brutale à ce moment d'une flèche du temps. Avant, le temps reste quantique, avec une probabilité d'existence puisque toute mesure est impossible à ce stade, incluant la possibilité de disparaître ou de rétrograder. Après, la flèche du temps apparaît ou reprend le dessus, de sorte que les choses deviennent plus normales et irréversibles. Les effets de causalité habituels sont rétablis et les séquences d'évènements redeviennent conformes à toutes nos observations courantes.

Tout ceci ressemble étrangement à ce qui se passe au niveau des échanges thermodynamiques, plus exactement au deuxième principe établi par Sadi Carnot selon lequel l'entropie d'un système isolé ne peut que croître, et cette comparaison va bien au-delà d'une simple analogie. Tout le monde a l'intuition que le démon de Maxwell ne réussira jamais à faire bouillir l'eau dans un verre à température ambiante en agissant sur les molécules d'eau pour qu'elles aillent toutes dans le bon sens et à la bonne vitesse, pourtant il existe des cas où l'entropie peut exceptionnellement croître en physique corpusculaire. Tel est le cas du phénomène dit d'écho de spin observé en résonance magnétique nucléaire (RMN) dans certains matériaux magnétiques, où les spins nucléaires orientés dans tous les sens peuvent retrouver presque miraculeusement, grâce à une manipulation précise du champ magnétique, leur

7 Le temps quantique

alignement d'origine tous ensemble, comme si on avait réussi à remonter le temps ! Flèche du temps et entropie, même combat ? Sous le seuil de décohérence tout semble possible, au-dessus tout revient dans l'ordre.

Pour en revenir à cette particule de temps, elle pourrait enfin permettre d'expliquer les fameuses « variables cachées » avancées par Einstein et régulièrement contestées, ainsi que sa « constante cosmologique » qui fait toujours débat. Il l'avait ajoutée en 1917 à ses équations de la relativité générale afin de rendre l'univers statique comme il l'imaginait à l'époque. Peu après, on a prouvé que notre univers était en expansion, rendant cette constante provisoirement caduque, comme l'a reconnu Einstein lui-même, mais des théories récentes (accélération de cette expansion, énergie du vide et théorie quantique des champs), dans les années quatre-vingt-dix, ont relancé l'intérêt des scientifiques sur cette constante qui ne serait pas nulle mais extraordinairement faible : 122 zéros après la virgule d'après les derniers calculs, inimaginablement plus petite que celle de Planck ! Quand on pense que la vie sur Terre tient peut-être au premier chiffre non nul au bout de cette litanie de zéros, il y a de quoi se poser des questions. Cette constante est directement liée à « l'énergie sombre » qui constituerait environ 70% du cosmos, que l'on essaye plus que jamais de traquer et d'expliquer depuis l'an 2000, en vain pour le moment. L'insaisissable particule de temps, si on la trouve bien partout comme je le pense, pourrait apporter une explication, car qui dit particule, dit énergie...

Le monde actuel de la physique répertorie trois types de quanta. Le premier, archi connu sous le nom de photon, a une existence plus que séculaire et reste incontesté jusqu'à ce jour ; il correspond à la plus petite quantité possible de lumière. Le deuxième matérialise l'élément ultime de la gravitation, mais son existence est loin d'être prouvée et on est toujours à la recherche de sa particule associée, le graviton. Quant au troisième, il s'agit du quantum du champ scalaire, omniprésent dans l'espace, supposé donner leurs masses à toutes les particules connues, en particulier celles dont nous sommes faits ! La particule correspondante a été baptisée « boson de Higgs » du nom d'un des trois physiciens à qui l'on doit l'hypothèse de son existence dès 1964. Après presque un demi-siècle de traque, on a annoncé officiellement le 4 juillet 2012, sur tous les médias du monde, les premières manifestations de son existence grâce aux expériences rendues possibles par les nouvelles installations du CERN (Conseil Européen pour la Recherche Nucléaire, devenu Organisation européenne pour la recherche nucléaire). Bel émoi dans le monde scientifique, qui va donner lieu encore à bien des années de recherches et de publications.

A ces trois quanta, je n'hésite pas à ajouter un quatrième de mon cru : le quantum de temps, c'est-à-dire la plus petite quantité de temps possible, dont la particule associée n'avait pas encore de nom en 2015 et que l'on baptise parfois « chronon » depuis 2017, à tort car ce mot proposé en 1927 par Robert Lévi ne désignait pas du tout une particule mais la plus petite durée de temps mesurable, bien supérieure au temps de Planck. Je ne peux m'empêcher de penser que ce quantum de temps et le quantum gravitationnel ont beaucoup de similitudes, au point que je me demande s'ils ne seraient pas les deux facettes d'une même particule. Tous deux sont omniprésents dans l'univers, agissent à distance, à une vitesse au moins égale à celle de la lumière, et d'une manière qu'on ne peut pas encore comprendre. Ils

7 Le temps quantique

provoquent tous deux une courbure de l'espace, observée dans le cas du graviton (les fameuses « lentilles gravitationnelles » qui courbent les rayons lumineux en provenance des étoiles), et supposée pour le quantum de temps quand on dit que le temps peut se reboucler sur lui-même à proximité de l'horizon d'un trou noir, ou encore dans le cas des hypothétiques « trous de ver ». Ces deux quanta sont également susceptibles d'intervenir dans le phénomène de décohérence. On a vu plus haut ce que j'entendais par « décohérence temporelle », et certains scientifiques contemporains (minoritaires, il est vrai, les autres étant plutôt adeptes de la théorie des univers multiples) croient toujours à la théorie de la « réduction par la gravité » avancée par Roger Penrose, Britannique maintenant âgé de 88 ans et un des plus grands penseurs au monde en mathématiques et physique. Des expériences ont été tentées pour démontrer que la gravitation est le facteur déclenchant de la décohérence, mais aucune n'a pu être probante.

Pour ma part, j'aurais tendance à me ranger aux côtés de Penrose -en associant le graviton à mon quantum de temps-, tant la notion de multivers est dérangeante en raison de la prolifération inimaginable d'univers dont on ne pourra jamais prouver l'existence. Certains penseurs vont même jusqu'à imaginer, comble de l'incroyable, qu'il se crée un nouvel univers à chaque fois qu'une option se présente quelque part, au niveau des êtres, des neurones, comme à celui des particules ! Comment croire qu'au moment où quelqu'un écrit « A », il se crée un autre univers dans lequel le même individu écrit « B », etc ? D'autres théoriciens plus pondérés imaginent un multivers moins proliférant grâce à une sorte de « sélection naturelle », proche du phénomène de décohérence. La théorie de Penrose va dans ce sens en expliquant la réduction quantique (ou décohérence) essentiellement par l'existence de champs de gravité. Selon lui, le temps d'apparition de cette décohérence serait inversement proportionnel à l'énergie du système, donc à sa masse. En clair, le temps de décohérence de notre corps ou de celui du chat de Schrödinger serait instantané et inobservable, ce qui n'est pas le cas au niveau de micro particules. Dans cette hypothèse, là-aussi, gravité et temps semblent intimement liés mais les deux quanta sont toujours aussi insaisissables, à supposer qu'il s'agisse de deux quanta vraiment différents. On comprend d'autant mieux que le quantum de temps reste insaisissable que personne ne le cherche vraiment. C'est plus incompréhensible pour le quantum de la gravité, issu de la théorie quantique et qui fait l'objet d'une chasse effrénée depuis des décennies. Quant au fameux boson de Higgs, il a fallu presque cinquante ans pour en confirmer l'existence, mais sa découverte est presque à regretter car elle n'a fait que consolider le modèle standard des composants élémentaires de la matière avec lequel on vit depuis des décennies, sans rien remettre en cause. On a en effet un peu masqué les divergences de ce modèle, qui pouvaient conduire à des infinis gênants, à grands coups de « renormalisation » physico-mathématiques. La non-découverte de ce boson, a contrario, aurait provoqué une remise en question complète de nos théories, sans nul doute génératrice d'approches fondamentalement novatrices comme celle du quantum de temps.

Une dernière similitude entre le graviton et le quantum de temps m'intrigue au plus haut point, outre le fait qu'ils sont tous deux hypothétiques, neutres, sans masse et se déplaçant à la vitesse de la lumière. Si l'on examine leur dimension (au sens de la nature d'une grandeur physique), celle du temps est unique et représentée par la lettre T. Pour la gravité, il s'agit d'un champ d'accélération dont l'intensité se mesure, dans le système international (S.I.), en mètres par seconde au carré (m/s²), autrement dit sa dimension se traduit par LT^{-2} c'est-à-dire une longueur divisée par le temps au carré qui peut s'écrire aussi $(LT^{-1})/T$, soit une vitesse divisée par le temps. Le graviton est supposé se déplacer à la vitesse de la lumière, de dimension LT^{-1} (Longueur par le Temps, ou m/s dans le S.I.), et comme cette vitesse est constante par hypothèse, on peut dire que le graviton est associé à la dimension T^{-1}, soit l'inverse d'un temps ! Ce raisonnement est illustré par l'équation que j'ai imaginée à la fin de ce chapitre, respectant l'homogénéité aux dimensions et qui traduit bien le fait que le graviton pourrait être l'antiparticule du temps !

Autre constat qui ajoute de l'eau à mon moulin : la collision de deux protons à très haute énergie est susceptible de produire un graviton et on ne cesse de guetter son apparition dans l'immense « collisionneur » du CERN. Problème : on ne peut pas le détecter directement et sa création ne peut être que déduite du bilan énergétique positif de la collision, comme si, aussitôt créé, le graviton passait dans l'arrière-monde, pourquoi pas dans un temps négatif ? On a l'habitude de dire que le graviton est sa propre antiparticule parce qu'il n'a ni masse ni parité (tout comme le photon), mais sans penser une seconde, c'est le cas de le dire, à l'existence possible d'une particule temps qui appartiendrait comme lui au groupe des bosons de jauge, et donc de spin 2 si l'on veut qu'il soit sa parfaite antiparticule. Il se pourrait très bien que nos deux quanta soient bien les deux facettes ou l'émanation d'un même phénomène quantique respectant la symétrie CPT évoquée dans le chapitre 1 et assez unanimement admise. En clair, le graviton serait le corpuscule de temps qui remonterait le temps ! Dans toutes les théories en cours, on a déjà vu des hypothèses plus incroyables.

Voici, pour terminer, une autre approche qui me permet d'aboutir à cette même idée. En physique des particules, on adopte un système d'unités dites naturelles dans lequel les constantes c, célérité de la lumière, et ℏ, la constante de Planck réduite (ℏ = h/2π), valent exactement 1 par convention. Dans un tel système, utilisé en physique relativiste et quantique, si on choisit l'énergie comme quantité ou unité fondamentale, la longueur, la durée et la masse deviennent des quantités dérivées s'exprimant à partir de l'énergie, en GeV (gigaélectronvolts) par exemple. Le plus intéressant à noter est que la masse a alors la dimension d'une énergie (ce qui n'est pas une surprise si l'on se souvient de la célèbre formule $E=mc^2$ dans laquelle on fait c=1) et, plus intrigant, que la longueur et le temps ont la dimension inverse d'une énergie. Si on retourne ce constat -mais a-t-on le droit de le faire ?-, on trouve que l'énergie est l'inverse d'un temps. Ce qui me permet de dire que l'énergie sombre pourrait être attribuée à des particules qui remontent le temps ! Rappelons que l'énergie sombre est omniprésente dans notre univers et exerce une influence répulsive, comparable à de la gravité négative. Revoici le graviton qui se promène dans un temps inverse du nôtre, un peu comme le positron, l'antiparticule de l'électron. Ceci expliquerait pourquoi nous ne pouvons pas le détecter, pas plus que l'énergie sombre, avec nos moyens macroscopiques obligés de subir, eux, le même temps que nous ainsi que sa si contraignante flèche. On est définitivement condamné à n'en percevoir que les effets.

7 Le temps quantique

On attend avec impatience la théorie qui aboutira à une formule démontrant le lien entre la gravité, la vitesse de la lumière (constante ?) et le temps, du genre :

$$\boxed{G=c/T}$$

C'est une équation on ne peut plus simple, tout à fait valable au sens des dimensions, certainement trop belle ! Au-delà de cette simple formule introuvable dans les manuels, il faut y voir le lien étroit qu'elle illustre entre la gravitation et le temps : on sait que la gravitation dilate le temps, en ce sens que plus la gravitation augmente, plus l'unité de temps diminue. Ainsi, à supposer qu'une autre planète Terre identique à la nôtre orbite à la même distance d'un autre soleil beaucoup plus massif que le nôtre, elle pourrait faire sa révolution complète en un mois au lieu d'un an pour nous. Ce phénomène, qu'on pourrait qualifier d'accélération aux approches des corps très massifs, est avéré, mais on n'a encore jamais osé dire que la gravitation est peut-être inversement proportionnelle au temps. En tout cas les deux sont étroitement liés, reste à savoir comment et surtout pourquoi.

7 Le temps quantique

De trop rares scientifiques admettent que le temps puisse être discontinu, notamment avec la théorie de la gravité quantique à boucles ; certains vont jusqu'à dire que c'est l'effervescence quantique qui génère le passage du temps. Pourtant c'est bien dans cette voie qu'il faut chercher : le temps est quantique, il faut enfin l'admettre, et on peut aller plus loin en imaginant que le quantum de temps est associé à une particule que je propose de baptiser « <u>Tempino</u> », plus européen et facile à prononcer que « Quark Time » ou « Timetron ». Cette particule entretient d'étroites relations avec la gravitation, au point d'être très proche du graviton dont elle pourrait être l'antiparticule. C'est mon hypothèse la plus simple, celle qui répond le mieux à toutes les questions précédentes, mon « rasoir d'Ockham » en quelque sorte. Il se pourrait aussi que ces deux particules soient les deux facettes d'une seule et même particule.

8 Le temps négatif

Ciel et eau par Escher

<u>Le temps peut-il être négatif ?</u>

Il est facile d'imaginer un temps négatif quand il s'agit de dater un évènement par rapport à un autre, comme on le fait avec le concept des années négatives avant la naissance du Christ. C'est déjà plus délicat avec les équations newtoniennes qui impliquent un mouvement dans le temps : un temps négatif pourrait signifier, si on n'a pas les bons repères, qu'une bille remonte son plan

8 Le temps négatif

incliné au lieu de le dévaler ou qu'une planète tourne autour de son soleil en sens inverse. Il n'y a rien d'extraordinaire à imaginer un temps négatif, si l'on n'y attache pas le principe de la causalité : on a bien créé des nombres négatifs et même imaginaires, devenus aujourd'hui banals et d'une utilité incontestable, bien que les nombres entiers aient mis des siècles à en accoucher. D'ailleurs des cosmologistes, comme Stephen Hawking, n'hésitent pas à introduire un temps imaginaire dans certains développements, mais il s'agit plus d'une astuce de calcul que d'une véritable théorie.

La question du temps négatif va bien plus loin que cette simple approche mathématique et met en cause sa fameuse flèche : le temps peut-il vraiment s'inverser ? Ce point a déjà été abordé dans le chapitre 3 sous l'angle de la faisabilité du voyage dans le temps, possible sous certaines conditions, mais certainement pas sous la forme d'un aller et retour d'un être humain dans son passé : un homme ne pourra jamais remonter le temps pour aller assassiner sa propre mère avant sa conception puis revenir à son époque d'origine ! L'Homme est une victime définitive de la flèche du temps qu'il subit. Deux voies intéressantes ont été évoquées pour remonter le temps : l'approche CPT, c'est-à-dire l'antimatière qui remonte le temps, à l'exemple du positron qui peut être considéré comme un électron remontant le temps, et la théorie des trous de vers, très en vogue dans certains milieux scientifiques, mais on ne peut plus hypothétique. Mais revenons plutôt sur l'aspect corpusculaire du temps qui m'a conduit à parler de sa particule, étonnamment proche du graviton au point que ce dernier ressemble à s'y méprendre à un quantum de temps en négatif. Depuis des lustres nos savants n'ont pas hésité à parler, dans l'incrédulité générale à l'époque, d'antimatière et d'antigravité (à ne pas confondre avec l'apesanteur) ; ainsi lorsque Dirac a prédit l'antimatière en 1928, peu de personnes l'ont cru ou compris jusqu'à la découverte éclatante du positron quelques années plus tard. Ces notions sont maintenant couramment admises, alors pourquoi ne pas parler d'antitemps et s'y intéresser de près ?

Cette notion d'antitemps est extrêmement gênante aujourd'hui en ce sens qu'elle remet complètement en question celle de causalité : on imagine difficilement qu'un effet puisse avoir lieu avant sa cause. Notre pensée est trop cartésienne ou trop soumise à la flèche du temps pour concevoir quelque chose qui irait dans l'autre sens. On sait pourtant aujourd'hui que des particules peuvent violer ce sacro-saint principe de causalité, au niveau quantique s'entend. Un photon est ainsi capable de modifier sa propre histoire, en « décidant », au moment où il est détecté, de la trajectoire qu'il a empruntée juste avant ! Les nombreuses expériences faites sur ce sujet ont confirmé ce fait incroyable, notamment grâce aux travaux du physicien français Alain Aspect qui y ont largement contribué. Il faut savoir qu'elles mettent hors de cause toute influence des appareils de mesure et autres détecteurs. On a le plus grand mal à imaginer la téléportation instantanée d'informations d'une particule à sa sœur jumelle à très grande distance, comme s'il y avait un effet rétroactif ou comme si ces informations voyageaient dans un hyperespace. Ce phénomène est pourtant régulièrement confirmé par toutes les expériences en cours à travers le monde ; on arrive même maintenant à les réaliser avec des atomes ionisés. Certains physiciens vont jusqu'à parler de « libre arbitre » des particules élémentaires, comme le laisse entendre le théorème de Conway-Kochen, énoncé en 2006 mais qui ne sera pas détaillé ici. Ce libre arbitre n'est cependant pas tout à fait comparable à celui de l'expérimentateur qui choisit les conditions et les moyens de la mesure (ce que les philosophes ont tendance à appeler plutôt une volonté libre c'est-à-dire un comportement impossible à prédire), mais assez proche puisqu'il attribue aux particules une certaine liberté dans leurs évolutions, non contrainte par des évènements passés. En fait ce théorème du libre arbitre des particules porte surtout un coup fatal à tout déterminisme quantique -et aux fameuses variables cachées- et ne fait que traduire l'impossibilité de prévoir comment elles vont évoluer, mais on se place toujours du point de vue humain. A mon avis, les particules intriquées ne « choisissent » pas du tout les caractéristiques qu'elles vont dévoiler lors d'une mesure qui va casser leur cohérence, mais elles vont plutôt sortir brutalement du non-espace ou du non-temps où elles erraient en révélant à ce moment les caractéristiques propres au nouvel espace qui les entoure, et en adoptant sa propre flèche du temps.

Revenons un peu sur la malheureuse victime du cerveau de Schrödinger : l'information « chat mort » ou « chat vivant », géniale illustration macroscopique du phénomène de décohérence quantique qui fait que l'animal passe soudain d'un état double incertain à un état unique vu par l'observateur. Cette décohérence est déclenchée ici par l'ouverture de la boîte, plus exactement par la désintégration d'un atome qui joue une sorte de pile ou face avec le temps. On ne sait toujours pas expliquer ce qui provoque cette décohérence. La frange quantique de l'univers appartient en effet à un réel qui n'est localisable ni dans l'espace ni dans le temps et ce dernier n'a pas encore de flèche. On est ici en plein dans ce que les physiciens appellent le phénomène d'intrication et de non-localité,

8 Le temps négatif

grâce auquel deux particules restent mystérieusement liées, même si elles sont séparées par des années-lumière : elles restent dans une sorte de « no man's land » jusqu'à ce qu'elles soient victimes d'une décohérence importune. Il y a une autre métaphore qui illustre de manière tout aussi amusante ces mystères de la frange quantique : celle des poissons que l'on va pêcher dans l'écume glauque d'une mer dite quantique. Les poissons -autrement dit les informations ou les particules- y sont « dilués » et ne se transforment en réalité que lorsqu'ils sont sortis de l'eau, décohérés en quelque sorte. La question se pose d'ailleurs toujours de savoir s'ils se mettent à exister au moment où on les voit à la sortie de l'eau ou lorsqu'on sent l'hameçon remuer... L'illustration en tête de chapitre, que l'on doit à Escher, constitue un beau symbole de l'intrication et de la dualité ; elle traduit en dessin une autre approche maritime quantique de ces « poissons solubles », avec sa jolie explication de la dualité donnée en annexe. (25)

Comme quoi on a le plus grand mal à déterminer ce qui gigote dans la soupe quantique... Ce qu'on sort de cette frange « cohérente » de particules en superposition d'états, onde ou corpuscule, matière ou antimatière, ne dépend que de la manière dont on l'aborde et on est bien incapable de dire ce qui la fait se manifester sous une forme plutôt qu'une autre, lors de la décohérence. Pourquoi ne pas imaginer que cette décohérence pourrait résulter de la création ou de l'absorption d'un quantum de temps, comme je l'ai déjà suggéré dans le chapitre précédent ? Si elle provoque une création dans un temps positif, le résultat est observable dans notre univers, mais, si l'antitemps entre en jeu, la partie correspondante échappera à toutes nos observations. Cette explication de la décohérence provoquée par un quantum de temps est compatible avec celle de la

8 Le temps négatif

réduction par la gravité avancée par Penrose, puisque j'ai le sentiment que ce quantum et le graviton peuvent être les deux facettes d'une même chose : bonnet blanc et blanc bonnet en quelque sorte. Plutôt que la myriade d'univers évoluant dans un multivers à l'infinité vertigineuse et que l'on ne peut même pas imaginer, je verrais bien un univers bipolaire : un au temps positif qui suit notre flèche du temps, celui dans lequel on vit, et un autre au temps négatif, tout aussi réel, mais impossible à détecter, miroir temporel du nôtre en quelque sorte. Voici qui pourrait réconcilier les adeptes de la réduction par la gravité et les inconditionnels du multivers pour peu qu'ils acceptent de le réduire à un bi-univers !

L'autre univers -notre au-delà ?- serait celui vers lequel pointent les trous noirs, celui de l'autre côté du Big Bang, celui de l'antimatière dont on se demande où elle a bien pu disparaître juste après notre Big Bang créateur. Si l'on se souvient que le temps s'arrête au fond des trous noirs, c'est bien parce que ce fond est à la frontière des deux temps. La grave question, toujours d'actualité, du devenir de l'information accumulée au fond des trous noirs, qui ont une fâcheuse tendance à s'évaporer jusqu'à disparaître dans un « pop » aussi peu glorieux qu'énergétique, peut aussi trouver une réponse avec cette nouvelle optique : l'information change tout simplement d'univers. Toute la physique quantique ne ferait finalement qu'observer ce qui est à la frange de ces deux univers. Nos particules intriquées ne peuvent pas respecter les inégalités de Bell puisqu'elles n'ont pas encore « décidé » dans quel univers elles allaient se manifester : le nôtre au temps positif, ou dans son complémentaire négatif. Côté Yin ou côté Yang ? Côté lumière ou côté sombre ? Mais cette dernière comparaison est purement littéraire puisque le photon, réputé être sa propre antiparticule, existe bien des deux côtés. Il ne faut pas chercher plus loin les fameuses variables cachées : elles risquent de nous échapper aussi longtemps qu'elles font partie de l'univers hors de notre portée.

Les théories quantiques ne font finalement que bien traduire les observations que l'on peut faire du côté où l'on se trouve et sont presque, à ce titre, des lois statistiques puisqu'on n'y parle que de probabilités. Elles sont incapables d'expliquer, et pour cause, ce qui peut se passer de l'autre côté. Il est déjà remarquable que l'on puisse observer ce qui se passe à la frontière de ces deux mondes, dans cette frange -pour ne pas dire la fange- quantique créatrice. On ne parvient pas à expliquer ce qui s'y passe, mais on sait l'observer, depuis les fameuses franges d'interférence de Young jusqu'aux ondes gravitationnelles que l'on a envie d'associer au boson de Higgs puisque c'est lui qui est censé donner une masse à toutes les particules connues. On sait non seulement observer toutes ces manifestations quantiques mais aussi les utiliser, à défaut de les comprendre, depuis le microscope à effet tunnel déjà relativement ancien (effet baptisé ainsi en raison du saut apparent des électrons dans le temps et l'espace) jusqu'aux récents ordinateurs quantiques qui commencent à balbutier avec les qubits et ont déjà des applications commerciales en cryptologie. Les qubits sont aux bits ce que les nombres imaginaires sont aux nombres entiers : incroyablement plus riches en informations. L'Homme a créé il n'y a pas si longtemps les nombres imaginaires (les nombres complexes ont été introduits pour la première fois par Jérôme Cardan au milieu du $16^{\text{ème}}$ siècle), partant de l'idée incroyable qu'un nombre élevé au carré peut être négatif, et il ne peut plus s'en passer aujourd'hui : nombre d'applications pratiques en électronique, informatique et autres sciences, n'ont pu être développées que grâce à eux. Tant qu'à savoir utiliser des qubits, pas si imaginaires que cela, pourquoi ne pas parler d'un univers « imaginaire » dont on percevrait les effets bien concrets ? Par univers « imaginaire », il faut bien comprendre ici qu'il s'agit d'une réalité dont on arrive à observer, exploiter et utiliser certains effets avec la plus grande virtuosité, alors même que son existence défie notre bon sens et nous échappera toujours.

La question se pose maintenant de savoir ce qu'on peut trouver de l'autre côté de cette frange quantique où l'on ne pourra au grand jamais mettre nos instruments et encore moins nos pieds. Beaucoup d'antimatière et un zeste de matière, à l'inverse de notre univers, de la lumière, comme je viens de l'expliquer, de l'antigravité et de l'antitemps. Il faut comprendre par là que la flèche du temps y est inversée par rapport à la nôtre, ce qui ne veut pas dire dans le sens rigoureusement opposé, mais qu'elle s'y déroule d'une manière propre à cet univers et de manière incompatible avec le nôtre. Cela ne veut pas dire non plus que les effets y précèderont les causes, bien que cela puisse être « un peu » vrai pour un observateur qui observerait certains évènements liés à l'intrication quantique à la frontière des deux mondes mais pas au-delà. On y trouvera aussi l'envers des trous noirs : des « trous blancs », et peut-être de l'énergie sombre -que certains appellent de l'énergie anti-gravitante- ou de l'énergie négative. Par ce dernier terme, que certains scientifiques ont déjà utilisé, il ne faut pas comprendre qu'il s'agit de la même énergie que la nôtre affublée d'un signe moins, encore que...

De même, dans l'univers « de l'autre côté » du mur quantique, on pourrait imaginer aussi une évolution négative de l'entropie, à l'inverse de ce qui se passe

8 Le temps négatif

dans le nôtre, c'est-à-dire que les choses y évolueraient globalement du plus grand désordre vers un univers parfaitement ordonné et homogène. Sur ce point je suis beaucoup plus prudent et je pense, comme pour la flèche du temps peut-être pas si rigoureusement inversée, que si évolution d'entropie il y a, elle ne se fera pas forcément de manière parfaitement symétrique : l'entropie y évoluera différemment, selon des lois propres à cet espace et invérifiables par nous de toute façon. Entropie positive d'un côté, négative de l'autre, pourquoi ne pas imaginer aussi que l'entropie puisse être constante sur l'ensemble des deux espaces ? Ce qui crée du désordre d'un côté se traduit par un gain d'ordre de l'autre et vice-versa. La conservation de l'énergie a fait le succès de toutes nos lois physiques, pourquoi ne pas prendre la conservation de l'entropie élargie à l'ensemble des univers comme nouvelle hypothèse susceptible de nous ouvrir de nouveaux horizons ? On peut considérer l'entropie comme une mesure de l'irréversibilité des choses, de ce point de vue il devient normal de ne rien pouvoir mesurer au fond d'un trou noir ou juste avant le Big Bang puisqu'il est admis qu'il n'y a pas de temps à ces niveaux : pas de flèche du temps, pas d'entropie…jusqu'à la survenue de nouveaux quanta de temps ! (26)

A cause de ces considérations sur ce qu'on a l'habitude d'appeler flèche du temps et entropie, les deux univers ne peuvent pas être considérés comme rigoureusement symétriques, l'un étant en quelque sorte l'image miroir de l'autre. On n'y trouvera pas son double en négatif ! Chacun de ces univers peut avoir ses propres étoiles, sa propre histoire, et pourquoi pas des êtres vivants. Ce qui est certain, c'est que l'un ne peut pas exister sans l'autre, ils sont indissociables et se génèrent l'un l'autre tout en restant hors de portée et invisibles l'un de l'autre.

8 Le temps négatif

C'est peut-être là qu'il faut chercher les fameuses dimensions cachées de notre espace-temps, chères à la théorie des cordes. C'est à leur frontière commune que se manifestent tous les phénomènes quantiques qui nous intriguent tant...et intriguent tant et plus. Et ce qu'on a osé appeler le « libre arbitre » apparent des particules ne correspond en fait qu'à la manifestation du lien invisible qui les relie par-delà le mur de Planck qui séparera pour toujours ces deux univers. Enfin, cette idée d'univers double interdépendant mais échappant l'un à l'autre, met définitivement fin à la notion de « système isolé » chère à la physique. Il est vain de considérer un système comme « isolé » ou « indépendant », comme on a coutume de le faire pour un objet de mesure en laboratoire, puisqu'il est relié à la Terre, elle-même dépendante du système solaire, lui-même dépendant des mouvements de notre galaxie, etc. et qu'il faut, de plus, tenir compte maintenant de cet espace caché et des dimensions qui nous échappent complètement. Cette notion de système isolé peut encore se révéler utile et valable à notre échelle mais suppose beaucoup d'approximations, et elle devient inutilisable et invérifiable aux échelles quantiques et cosmiques puisque tout est relié à tout, peut-être par l'intermédiaire de la particule de temps ou du graviton. La théorie du tout sur laquelle on glose tant devrait en tenir compte et tabler sur le fait que rien ne se perd et rien ne se crée, à condition de considérer tout ce qui touche à la matière, à l'énergie, à l'entropie et donc au temps, comme appartenant à un ensemble autrement plus vaste que la minuscule partie que l'humanité peut percevoir. Ce changement d'échelle permettra peut-être de trouver de nouvelles lois.

Cette vision d'un univers double n'est pas vraiment nouvelle puisque le physicien russe Andreï Sakharov a

8 Le temps négatif

déjà émis en 1967 la théorie, assez similaire, dite des univers jumeaux, mais elle reste malheureusement très peu étudiée. Pourtant cet univers double, scindé en deux parties antinomiques mutuellement indécelables, et dont on ne percevrait que la frontière quantique, répond beaucoup mieux à ma conception du temps que celle, plus à la mode, de multivers évoquée au chapitre 4. Elle ne répond pas plus aux questions fondamentales que l'on se posera encore très longtemps sur la dimension de l'univers global, qu'il soit double ou multiple, ni sur ce qu'il y avait avant, mais elle présente l'avantage de mieux expliquer certains phénomènes quantiques tout en restant plus facile à concevoir. En tout cas plus facile à imaginer qu'un multivers dans lequel se créeraient de nouveaux univers à chaque fois qu'un choix ou une alternative se présente à une particule ou à un être vivant...

8 Le temps négatif

Si le quantum de temps a une antiparticule, il se pourrait que celle-ci ne soit autre que le fameux graviton, lequel graviton subirait une flèche du temps inverse de la nôtre. Le temps est discontinu, tantôt positif, disons là où nous vivons, tantôt nul et tantôt négatif. La frange quantique qui nous intrigue tant ne serait autre que la petite partie observable par nous entre deux univers : le nôtre et un anti-univers qui se développerait simultanément dans un temps négatif. Cette hypothèse est plus facile à concevoir que celle d'un multivers pléthorique. Le seul problème tient à ce que l'on ne pourra jamais vérifier l'existence de l'autre, en y envoyant des instruments ou en y allant ! Les théories quantiques risquent donc d'être incomplètes pendant très longtemps. L'existence de cet hypothétique anti-univers aurait l'avantage de résoudre bien des mystères : la réalité des dimensions cachées, l'explication des variables cachées, l'après des trous noirs, la matière noire et l'énergie sombre. A l'échelle microscopique, son existence pourrait enfin expliquer la décohérence quantique qui serait le moment où une particule quitte le dioptre entre les deux univers ; deux particules intriquées ne le restent que jusqu'à leur séparation entre les deux mondes, c'est-à-dire à l'instant où elles subissent l'influence du temps et de sa particule. Mais cela ne dira toujours pas ce qui provoque l'aiguillage vers un monde ou l'autre, ni ce qu'il y avait avant la naissance de notre univers, qu'il soit double ou multiple. La théorie capable d'expliquer la véritable origine du temps, de l'espace et de la matière n'est pas pour demain mais cela n'empêchera pas l'humanité d'avoir encore beaucoup de grain quantique à moudre pour comprendre un peu mieux l'univers qui lui a donné naissance !

9 La particule de temps

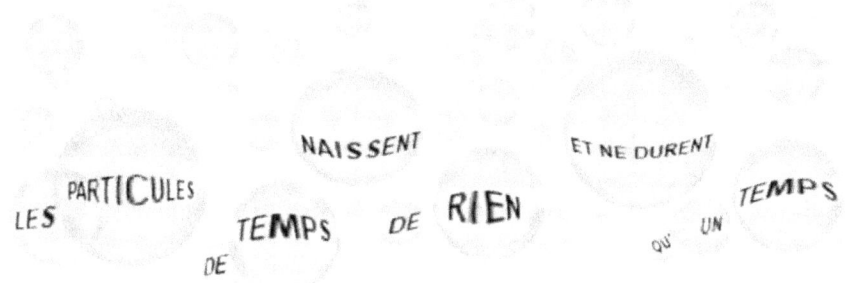

La particule de temps

Toujours autant de questions

En moins de cinq siècles, l'Homme a fait des découvertes véritablement révolutionnaires : il a péniblement compris que la Terre était ronde et que les points lumineux dans le ciel étaient comparables à son soleil et incroyablement éloignés ; il a découvert aussi qu'il pouvait vivre la tête en bas et se déplacer à 30Km/s sans même s'en apercevoir grâce à la gravitation et, surtout, que la Terre n'était plus le centre de l'univers, au grand dam de tenaces croyances religieuses. Il a même trouvé, il y a un siècle, la non-universalité de l'espace et du temps qui lui a fait sauter aux yeux -c'est le mot qui convient si on pense à la bombe A- l'équivalence de la masse et de l'énergie. Et depuis... plus rien ou si peu, le boson de Higgs recherché pendant une cinquantaine d'années n'étant qu'une extension du modèle standard.

9 La particule de temps

Il est à peine exagéré de dire que les sciences physiques et astronomiques n'ont pas vraiment progressé depuis la découverte de la relativité généralisée en 1915 et piétinent depuis un siècle dans de multiples directions comme la théorie des cordes ou sa concurrente la théorie de la gravité quantique à boucles, auxquelles il faut ajouter la théorie unificatrice des forces, la théorie quantique des champs, la réalité de certaines particules comme le graviton, l'existence d'un multivers, etc. Plus on avance dans la connaissance du monde qui nous entoure, plus le nombre de questions sans réponse s'accroît. Pour ne citer que celles qui m'intriguent le plus:

- Qu'est-ce que le temps ? C'est la question fondamentale ; plus précisément pourrait-il y avoir un quantum, une particule de temps ?
- Notre univers a-t-il des limites, combien a-t-il de dimensions et est-il unique ?
- Que sont la matière noire et l'énergie sombre qui composeraient 95% de notre univers ?
- Qu'y a-t-il au fond d'un trou noir ?
- Qu'y avait-il avant le Big Bang ? Cette question est abordée dans la postface.
- La lumière a-t-elle vraiment une vitesse constante et infranchissable ?
- Qu'est-ce que la gravitation et existe-t-il des gravitons ?
- Comment expliquer la décohérence des particules quantiques intriquées ?
- Quels sont les plus petits constituants de la matière : quarks, cordes, p-branes, ou autre chose à chercher dans les nombreuses particules hypothétiques comme les préons, ou les composants tout aussi hypothétiques de la matière noire tels les axions, les WIMP, les neutralinos et autres neutrinos stériles?

9 La particule de temps

Et ce ne sont pas les seules questions à rester sans réponse aujourd'hui ! Mon sentiment personnel est que l'on a encore beaucoup à découvrir et que l'avenir nous réserve très probablement de grandes surprises, mais on attend toujours un nouveau Newton ou un nouvel Einstein, capable d'une idée révolutionnaire qui expliquerait mieux les « règles du jeu » de notre univers.

Pour en revenir au temps, j'ai juste quelques intuitions. Quoi qu'en disent les négationnistes du temps, ceux qui prétendent qu'il n'existe que dans nos esprits, le temps est omniprésent, dans l'univers comme dans notre quotidien : on le trouve absolument partout ! Il fait tellement partie de notre humanité que c'est probablement la raison pour laquelle on n'ose pas le remettre en question, alors qu'on a très bien su le faire pour la lumière, tout aussi omniprésente et à l'origine de nos vies. Il est vraiment temps -si je puis dire- de le voir sous un autre jour et d'essayer de comprendre ce qui se cache vraiment derrière : pourquoi pas une base matérielle, une particule attachée au temps comme le boson de Higgs l'est à la masse ? Je pense en effet que tout, absolument tout, est lié dans l'univers, que ce soit par filiation (comme les collisions de particules qui en engendrent d'autres), par intrication quantique, ou par le biais des interactions fondamentales qui peuvent agir jusqu'aux confins de l'univers. Le temps pourrait très bien être le ciment commun de toutes ces forces et interactions, ou avoir au moins son mot à dire dans leur manière de s'exprimer. Pour moi le temps existe partout, peut-être depuis toujours, ce qui ne veut pas dire, loin de là, qu'il est le même en tout point et à tout moment de l'univers : il en est une donnée intrinsèque, assimilable à un champ scalaire, un peu comme la gravitation. D'autre part le temps et la lumière sont tellement imbriqués et indissociables qu'il est presque naturel de se demander si le temps n'est pas lui-même porté par une particule quantique comme la lumière est portée par le photon. Mais c'est avec le graviton que cette particule de temps a le plus d'affinités, ou plutôt d'antagonismes puisqu'on a vu qu'elle ressemble fort à ce qui pourrait être son antiparticule. Malheureusement la particule de temps risque d'être encore plus insaisissable que le graviton ! On accepte de dépenser des milliards de dollars, de yens, d'euros et de yuans, pour traquer le graviton et trouver une manifestation de sa réalité, alors que nombre de scientifiques pensent encore que le temps n'a même pas de réalité...

Si le temps est vraiment de nature quantique, cela pourrait expliquer qu'il n'existe pas en certains endroits et qu'il puisse apparaître spontanément à partir de rien. La flèche du temps, quant à elle, ne serait qu'une donnée macroscopique et émergente de la mousse quantique de l'espace-temps. Un peu comme la deuxième loi de la thermodynamique, modernisée sous l'appellation d'entropie croissante et irréversible, émerge du monde moléculaire. Ce phénomène d'émergence peut être comparé à celui de la brisure de symétrie matière-antimatière qui s'est produite au début du Big Bang. Les deux étaient en quantités égales, mais très brusquement, sans que l'on sache encore pourquoi, l'antimatière a presque complètement disparu au profit de la matière que nous avons l'habitude de voir autour de nous. On peut imaginer que l'émergence de la flèche du temps a été provoquée par un phénomène semblable, une sorte d'avalanche, de cascade d'évènements quasi instantanés, allant dans le même sens.

Il m'est malheureusement difficile d'aller plus loin dans cette approche quantique du temps mais je garde

9 La particule de temps

l'espoir qu'un scientifique de haut niveau vienne prendre le relais, étayer cette idée par quelques formules et la reprendre dans une théorie. Le présent livre ne fait qu'avancer cette idée d'une particule de temps en s'appuyant sur des faits scientifiquement avérés, au moins consensuels à ce jour, tout en évitant soigneusement toute considération anthropique, métaphysique ou religieuse si tentante sur un tel sujet.

Je fais aussitôt une exception en osant comparer l'Homme et sa pensée à des particules. Le lien est réel puisque nos corps sont composés de particules et d'atomes eux-mêmes formés par des générations d'étoiles disparues, comme l'affirme joliment Hubert Reeves. La pensée, qui nous distingue du monde minéral et prétend-on animal, n'est en fait qu'un mouvement cohérent de particules qui vont et viennent dans nos neurones et nos synapses jusqu'à ce qu'elles soient « décohérées » pour donner naissance à quelque chose de réel : une parole, un geste, une action. Il en va de même pour notre conscience, notre mémoire et nos rêves dans une certaine mesure, qui peuvent laisser des traces tangibles. Autre comparaison amusante avec les particules : les hommes se conduiraient-ils comme des particules ? Les indéterminismes humains ou atomiques présentent en effet une curieuse similitude. On a vu, en physique quantique, qu'une particule semblait «décider» de présenter telle ou telle caractéristique ou de passer par tel ou tel chemin, impossible à déterminer à l'avance sur le plan microscopique mais que l'on peut contourner sur le plan macroscopique grâce à l'approche probabiliste. Si je décide de prendre le métro parisien à la station Pasteur à 8h30, personne ne pourra le prévoir : cela ne dépend a priori que de mon unique volonté (le déterminisme qui semble ne dépendre que de moi), mais la RATP est parfaitement capable de prévoir

9 La particule de temps

le nombre d'humains qui voyageront sur cette ligne à cette heure grâce aux statistiques, avec une très bonne précision. On peut prévoir où et quand un électron va donner naissance à un photon, et guère plus difficilement où et quand un homme va bâtir sa maison. Tout ça pour affirmer ma certitude que tout, absolument tout, est lié dans l'univers, et qu'il en résulte un indéterminisme apparent à notre niveau, qu'on essaye de compenser et de maîtriser en échafaudant de belles théories probabilistes ou statistiques. C'est ainsi qu'un concept fondamental de la physique quantique, la fonction d'onde associée par Erwin Schrödinger à chaque particule, ne fait que traduire une probabilité de présence. A quand la fonction d'onde associée à chaque homme ?

Mais n'allons pas plus loin dans cette digression anthropologique pour revenir sur les idées novatrices avancées ici, assez révolutionnaires sur le plan scientifique mais pas du tout invraisemblables. Il est tout à fait envisageable, par exemple, que le temps puisse se reboucler sur lui-même en passant par d'autres dimensions, sans toutefois que cela implique la même séquence d'évènements ; où, quand et comment, tout reste à découvrir. Il est possible aussi que l'espace recèle d'autres dimensions temporelles coexistantes à l'unique dimension temps que nous connaissons, mais qui restent cachées et repliées sur elles-mêmes, hors de notre portée, comme on le suppose déjà pour d'autres dimensions purement spatiales. L'idée majeure qui ressort de l'étude des réponses à toutes les questions concernant le temps, se résume à mes yeux à ces deux conjectures extraordinaires sans être invraisemblables :
- la possible nature quantique du temps qui pourrait aboutir à l'extraordinaire découverte d'un quantum de temps avec sa particule associée et

9 La particule de temps

dont l'antiparticule ne serait autre que notre célèbre graviton ;

- avec comme corollaire la possible existence d'un anti-univers qui se développerait parallèlement au nôtre, chacun participant à la génération de l'autre, comportant des caractéristiques opposées, ou empruntant des directions très différentes s'agissant de la flèche du temps et de l'entropie ; les phénomènes quantiques ne seraient que la seule partie perceptible et observable par nous à la frontière de ces deux mondes.

Ce ne sont pas des idées piochées dans des romans de science-fiction, loin de là, mais le résultat de longues réflexions sur ce sujet mystérieux et fascinant, mûries à partir de nombreux ouvrages scientifiques. Si je balaye à nouveau les questions que tout le monde peut se poser sur le temps, voici les réponses brèves que je donnerai dans la perspective de ces deux conjectures :

1. Le temps existe-t-il ?
   Plus que jamais puisqu'il pourrait même être matérialisé par une particule. Je recommande, sur ce sujet, de lire « La renaissance du temps » de Lee Smolin (27).

2. Le temps a-t-il un commencement et une fin ?
   Non à l'échelle du cosmos dans son intégralité, mais oui à une échelle très locale : du côté de l'infiniment petit le quantum peut apparaître ou disparaître à l'occasion de chocs de particules et du côté de l'infiniment grand il peut apparaître ou disparaître autour de ce qu'on appelle des singularités comme le Big Bang et les trous noirs.

9 La particule de temps

3. Le temps est-il réversible ?
Oui, probablement, mais on entrerait alors dans un univers qui aurait une flèche du temps -donc une entropie- différente de la nôtre, que ce soit un multivers ou un anti-univers, rendant définitivement impossible tout voyage aller et retour d'un homme dans son passé.

4. Le temps est-il le même partout ?
On sait déjà que ce n'est pas le cas avec la relativité généralisée, mais, pire, la constance de la vitesse de la lumière sur laquelle elle a été bâtie est loin d'être une certitude et commence à être sérieusement remise en cause.

5. La seconde est-elle vraiment une constante ?
Certainement pas et c'est un corollaire de la réponse précédente : elle n'est qu'une mesure confortable et commode à notre échelle, mais ne peut en aucun cas servir de référence pour la mesure de l'âge de l'univers, par exemple, et encore moins à l'échelle infinitésimale du temps de Planck.

6. Peut-on mesurer le temps avec une précision toujours plus grande ?
Non, puisque le quantum de temps traduit un aspect essentiellement discret, c'est-à-dire discontinu, du temps. On approche petit à petit des précisions extrêmes, mais on ne peut pas espérer aller au-delà du mur de Planck, valable aussi pour le temps.

7. Le temps est-il quantique ?
C'est la définition même du quantum de temps, qui le relie étrangement au quantum de gravité,

donc au graviton, l'un pouvant être l'antiparticule de l'autre.

8. Le temps peut-il être négatif ?
Le temps peut très bien s'inverser, et sa flèche avec lui, mais il faut comprendre que ce n'est pas forcément un virage à 180° mais peut-être dans une direction différente, propre à un univers différent du nôtre et que l'on ne pourra jamais détecter, sinon par des effets indirects, une sorte d'anti-univers.

Toutes mes cogitations m'ont ainsi conduit à l'idée de la nature quantique du temps, et il est d'ailleurs intéressant d'inverser la proposition en imaginant que les autres particules quantiques sont peut-être des particules à la recherche du temps perdu, pour parodier Proust. Lorsqu'elles retrouvent leurs amies quantiques temporelles, elles peuvent nous offrir alors le spectacle magique de la décohérence, moment fascinant où ces particules rentrent dans notre temps ou dans notre univers classique. Enfin, ne faut-il pas chercher la particule de temps au plus profond de la matière, par exemple au sein des atomes radioactifs ? On peut considérer ces derniers comme des chronomètres bien étalonnés dans une gamme impressionnante de durées : on est incapable de dire à quel moment leur compteur va tomber à zéro, mais ce compteur existe bel et bien et est suffisamment précis pour nous permettre de procéder à des datations. Et pourquoi seraient-ils les seuls à posséder leurs chronomètres au plus profond d'eux-mêmes ? Les autres atomes en possèdent peut-être aussi, mais leur échelle de temps est probablement hors de notre portée ; c'est ainsi que l'on recherche toujours activement la preuve de la désintégration du proton, constituant de base de tous les atomes. Si on observe un jour sa désintégration, cela signifiera que lui aussi est porteur de ce quantum de temps et, avec lui, toute la matière connue.

De la thermodynamique à la particule de temps

La thermodynamique avec ses trois principes, dont on peut dire que Sadi Carnot a été le pionnier, a battu son plein au $19^{\text{ème}}$ siècle. Elle a très vite donné lieu à des difficultés conceptuelles : quelle réalité se cache derrière les échanges thermiques ? Les savants de l'époque ont émis l'hypothèse que le calorique est à considérer comme une matière, un fluide subtil. C'est grâce à la conception atomiste de la matière et au recours à une approche statistique que les choses ont pu progresser, jusqu'à donner spectaculairement le jour à la théorie des quantas, à la quantification de l'énergie.

On peut en effet considérer que la physique quantique a réellement pris naissance en 1900 grâce à Max Planck qui cherchait à sortir de l'impasse la physique de l'époque dans son interprétation du phénomène de rayonnement des corps noirs. Les théories de la thermodynamique alors en vigueur impliquaient en effet qu'un corps noir rayonnant devait émettre une énergie augmentant indéfiniment avec la fréquence du rayonnement émis, ce qui était une impossibilité physique. Au point que les physiciens contemporains avaient appelé cette conséquence théorique « la catastrophe ultraviolette ». Planck, en désespoir de cause, a imaginé que les échanges d'énergie entre matière et rayonnement se faisaient peut-être de manière discontinue, par le biais de ce qu'il a baptisé des « quanta » d'énergie, et cela a marché au-delà de toute espérance ! Il a supposé que les échanges d'énergie ne pouvaient se faire que par « paquets », multiples entiers de grain d'énergie $\varepsilon_0 = h\nu$. Formule dans laquelle ν (« nu ») représente la fréquence du rayonnement lumineux et h la fameuse constante de Planck $h \approx 6,626\ 069\ 57 \times 10^{-34}$ J-s (Joule-Seconde). Ces grains élémentaires d'énergie ont été appelés « quanta lumineux » quelques années plus tard par Einstein avant d'être baptisés officiellement « photons » à partir de 1926.

C'est l'étude approfondie de la deuxième loi de la thermodynamique -selon laquelle les échanges de chaleur se font toujours du corps chaud vers le corps froid- qui a conduit Planck à son hypothèse géniale, loi que Clausius avait déjà mise en évidence en lui permettant de créer le concept d'entropie et que Boltzmann avait interprétée de manière statistique et probabiliste à la fin du $19^{\text{ème}}$ siècle. Ce concept implique une irréversibilité du phénomène et on ne dit pas autre chose aujourd'hui en affirmant que l'entropie d'un système isolé ne peut que croître. Il traduit donc une sorte de « flèche » de l'énergie thermique dans l'univers.

La théorie des quanta imaginée par Planck a eu immédiatement son heure de gloire et a été très rapidement confirmée par toutes sortes de mesures et vérifications expérimentales. Elle a constitué le véritable acte de naissance de la mécanique quantique, comme on appelait alors cette nouvelle branche de la physique. Ce qu'on sait moins, c'est qu'elle a aussi donné lieu à plusieurs théories sur la constitution intime de la matière : les « atomistes » convaincus que la matière est uniquement composée d'atomes (ou de particules) et de vide, et les « énergétistes » qui rejetaient totalement cette idée au profit d'une conception entièrement

9 La particule de temps

thermodynamique de la matière, pour ces derniers les atomes étaient une vue de l'esprit. Les débats ont été rudes et ont duré longtemps, au point qu'ils ne sont peut-être pas complètement morts aujourd'hui, même si les résultats de la théorie quantique ne sont plus contestés. Ce qui n'empêche pas sa complétude de faire toujours l'objet d'âpres discussions depuis Einstein : ou bien la description qu'elle fait de l'univers est complète et traduit donc un véritable comportement probabiliste, aléatoire, non déterministe de la matière, ou bien elle masque une méconnaissance de ce qui se passe vraiment dans la réalité sous-jacente de phénomènes plus déterministes qu'en apparence. Discussions un peu vaines en fait car ce sont peut-être les deux théories, relativité générale et quantique, qui sont incomplètes !

On peut raisonnablement se demander si la physique moderne n'est pas maintenant dans le même genre d'impasse que la thermodynamique en son temps. La relativité se heurte en effet elle aussi à un autre infini dans le domaine des constituants élémentaires de la matière : les lois de la gravité ne fonctionnent plus du tout dans le domaine de l'infiniment petit. Les physiciens sont tombés là aussi sur des valeurs infinies impossibles à admettre mais ont réussi à y remédier tant bien que mal, à grands coups de statistiques, de probabilités et de formules quantiques. Elles ont certes fait leur preuve mais les théories se multiplient depuis des décennies pour expliquer ce qui peut se passer au niveau des particules, sans vrai succès malheureusement même si de grandes avancées ont pu être faites.

Pourquoi alors ne pas imaginer un quantum de temps, traduit par la formule $\varepsilon_0 = h' t$, où h' n'a peut-être plus grand chose à voir avec la constante de Planck ? A notre échelle le temps a bien l'apparence d'une

9 La particule de temps

continuité, d'un fluide encore plus subtil que le fluide calorique ou l'éther, mais qu'est-ce qui l'empêcherait d'être discontinu à l'échelle quantique, tout comme le quantum d'énergie imaginé par Planck ? Les effets macroscopiques en thermodynamique se traduisent par la chaleur d'un corps, sa température, les effets du quantum de temps se traduiraient par l'âge ou la durée d'un ensemble de particules ou d'atomes. Cela pourrait aussi expliquer que l'on observe une sorte d'entropie du temps, communément appelée la flèche du temps pour dire qu'il va toujours dans le même sens. Comme la chaleur qui va toujours du « chaud » vers le « froid », le temps irait toujours de « l'avant » vers « l'après », ce qu'on peut appeler le temps « causal » pour éviter de le confondre avec toutes sortes d'autres notions. La physique quantique, avec le principe d'indétermination d'Heisenberg, nous a habitués à admettre qu'il est impossible d'observer ou de mesurer ce qui se passe au niveau d'un seul quantum d'énergie : on ne pourra jamais savoir, par exemple, si tel unique photon est passé par la fente de gauche ou celle de droite, voire les deux à la fois. Il en irait de même pour le quantum de temps : on ne pourra jamais le traquer en tant qu'entité unique, seulement mesurer les effets d'un ensemble de « paquets » de quanta *h't*. D'ailleurs la première manifestation de tels paquets ne serait-elle pas à l'origine du mystérieux phénomène de décohérence des particules intriquées ? Elle marquerait l'instant où ces particules entrent dans la réalité, dans notre « espace-temps », à portée de nos observations et moyens de mesure, autrement dit dans notre temps causal avec la flèche que nous lui connaissons.

9 La particule de temps

Graviton et « tempino »

La particule quantique de temps que je me suis amusé à baptiser « tempino » présente, comme je l'ai déjà souligné, de fortes similitudes avec une autre particule quantique, le graviton, à l'existence tout aussi théorique. Comme elle, il s'agirait d'une particule immatérielle, sans masse, se déplaçant à la vitesse de la lumière et appartenant donc à la famille des bosons. Elle serait aussi affublée d'un spin 2 pour prétendre à être sa parfaite antiparticule. Mais comment appréhender en physique ce que pourrait être ce tempino, quelle fonctionnalité pourrait-il bien avoir ?

Rappelons tout d'abord ce qu'est une particule, qu'on ferait mieux d'appeler « Schmilblick » pour éviter d'entretenir des confusions sur ce qu'on entend vraiment par ce terme trop lié dans nos esprits à quelque chose de « dur ». On sait -c'est toute la base de la physique quantique- qu'elle peut prendre l'aspect d'un corpuscule, c'est-à-dire un grain élémentaire de matière, ou l'aspect d'une onde et même les deux à la fois ! Ce concept est tellement difficile à appréhender que je préfère l'imaginer comme un grain élémentaire d'énergie, un quantum donc, qui peut prendre l'un ou l'autre aspect selon ce qu'on lui fait subir, en particulier les mesures. Mais il reste un mystère de taille à résoudre : comment deux particules quantiques intriquées peuvent-elles continuer à être liées à des kilomètres de distance ? Ces « Schmilblicks », grains d'énergie ou quanta doivent « jouer » avec l'espace et le temps : soit elles restent dans une même dimension temporelle ce qui leur permet de se séparer spatialement, soit elles sautent dans des dimensions temporelles différentes pour pouvoir se colocaliser. Elles navigueraient ainsi dans des replis de l'espace-temps qui nous échappent complètement,

9 La particule de temps

pourquoi pas en passant par l'anti-univers imaginé au chapitre précédent ? On ne percevrait donc, à notre échelle, qu'une partie des effets ou des fonctionnalités que l'on peut attribuer au graviton, comme au tempino.

Le graviton est communément considéré comme le vecteur de la gravitation, qui se traduit par le phénomène archiconnu de la force d'attraction que subissent les corps ayant une masse, pouvant agir jusqu'aux confins de l'univers. C'est grâce à cette interaction que l'on a bien les pieds sur Terre et que l'on peut distinguer un « haut » et un « bas ». Le tempino serait quant à lui le vecteur de ce qu'on perçoit comme le temps et qui pourrait se traduire par une force d'expansion des masses dans l'espace-temps, à l'inverse du graviton qui agirait en quelque sorte à rebrousse-temps. C'est lui qui nous permettrait de distinguer dans tout évènement, aussi microscopique soit-il, un « avant » et un « après ». Ce fameux temps « causal », qu'il ne faut surtout pas confondre avec le temps « coordonnée temporelle » qui sert à marquer une date, ni avec le temps « mesure » qui sert à quantifier une durée, qu'elle soit mesurée en secondes ou en années-lumière.

A l'échelle atomique, la gravitation quantique, donc le graviton, intervient dans la cohésion des atomes même si ses effets sont faibles et si elle n'est pas seule à entrer en jeu. Le tempino, de son côté, pourrait être la cause, ou au moins être impliqué dans le phénomène de désintégration -on pourrait dire de l'explosion- des atomes radioactifs. Le tempino serait en quelque sorte le chronomètre interne de ces atomes comme je l'ai déjà évoqué. Je soupçonne également qu'il intervient dans le phénomène de « décohérence » quantique qui fait que la matière rentre brutalement dans le réel auquel nous sommes habitués.

9 La particule de temps

A l'échelle cosmique, le graviton est à la base de tous les mouvements apparents des planètes, des étoiles, des galaxies et assure ce qu'on appelle l'attraction universelle qui devrait agir dans le sens d'une contraction de l'univers si elle était seule en jeu. Le tempino agirait, lui, dans le sens inverse, donc dans celui d'une expansion de l'univers. Il pourrait donc très bien être à l'origine de son expansion accélérée, constatée par nos observations et mesurée, et que l'on ne sait expliquer aujourd'hui qu'en faisant l'hypothèse de matière noire et d'énergie sombre échappant à toute observation. Ce qui voudrait dire que l'univers est peut-être constitué à 95% de tempinos : je n'irai pas quand même pas jusque-là !

Ces deux particules -qui n'en sont d'ailleurs peut-être pas au sens où on l'entend habituellement, tout comme le fameux boson de Higgs- donnent chacune lieu à des phénomènes paroxysmiques extraordinaires. Dans le cas du graviton, la formation des trous noirs s'explique par la présence d'un champ gravitationnel si intense que la lumière ne peut plus s'en échapper et que le temps y est littéralement figé ! On peut l'imaginer comme une portion de l'univers qui s'est effondrée sur elle-même jusqu'à devenir ponctuelle, créant ce qu'on appelle une « singularité ». Pour le tempino, ce sera évidemment le contraire ! Si on remonte au Big Bang, plus exactement au moment où l'univers était âgé de 10^{-35} secondes, la taille de l'univers a été multipliée par un facteur 10^{40} en un instant si bref qu'il en est inconcevable. Bien pire qu'une explosion ! Ce phénomène largement admis aujourd'hui a donné lieu à plusieurs hypothèses dont celle de l'influence d'une particule baptisée « inflaton » de manière très imagée : pourquoi ne trouverait-on pas là l'action du tempino ?

Il faudra encore beaucoup de temps…

Newton nous a merveilleusement fait comprendre les effets de la pesanteur avec la chute mythique de sa pomme, au point qu'elle nous est devenue naturellement compréhensible. Tant et si bien que les notions de graviton et d'ondes gravitationnelles semblent couler de source, surtout à l'éclairage de la relativité généralisée. Il serait temps de faire pareil avec le temps qui semble nous échapper dans tous les sens de ce verbe, peut-être parce qu'on ne peut pas le contrôler et qu'il ressemble trop à une création de l'esprit donnant lieu à beaucoup trop de considérations métaphysiques ! Nous subissons tellement la flèche du temps et en sommes tellement imprégnés que nous n'arrivons pas à extérioriser cette notion et comprendre que c'est une donnée essentielle de l'univers et tout aussi « matérielle » que la gravitation. Einstein nous a fait faire un magnifique pas en avant avec la notion d'espace-temps, mais il faut certainement aller plus loin encore.

Une théorie du temps quantique va peut-être finir par surgir un jour avec sa propre particule, marquant une véritable révolution scientifique : sachons attendre le génie qui saura faire un véritable saut conceptuel en réintégrant le temps à sa juste place. On pourrait baptiser cette particule de temps le « mimi », pour signifier qu'elle est « mi temps, mi particule », un peu comme le photon, ex quantum de lumière, est lui aussi « mi onde, mi particule », sans aller toutefois jusqu'à l'appeler « la particule de Dieu » comme on l'a fait un moment pour le boson de Higgs. Un nom plus sérieux comme « tempino » conviendrait mieux, surtout pour ne pas le confondre avec le chronon qui n'a été jusqu'à présent qu'une simple indication de la discrétion possible du temps. Ceci dit, à chaque fois que l'on essaye d'apporter des petits bouts de réponse aux questions que je viens de survoler et que tous les scientifiques se posent, et pas seulement eux, il est bien difficile d'éviter l'approche anthropique ou l'intervention d'une main divine brièvement évoquée en postface.

Ce qui me frappe en ce début du 21ème siècle, c'est que plus l'humanité progresse dans ses connaissances scientifiques, plus le nombre de questions sans réponse augmente. Ce qui est sûr, c'est que de nouvelles surprises de taille nous attendent dans notre univers, enfin le tout petit morceau que l'humanité en perçoit aujourd'hui. N'oublions pas que moins de 5% de notre univers, dont une partie seulement est visible par nous, est composé de matière ordinaire, c'est-à-dire celle constituée par toutes les particules du modèle standard. Si on a baptisé « matière noire » et « énergie sombre » les 95% restants, c'est bien pour montrer notre ignorance totale sur leur vraie nature, comme l'éther en son temps.

On attend toujours la nouvelle théorie qui fera peut-être voler en éclat cette noirceur, tout comme la relativité restreinte a fait voler en éclat ce fameux éther sur lequel s'appuyaient presque tous les contemporains d'Einstein. 95%, autrement dit tout, ou presque, reste encore à découvrir…si c'est à la portée de l'Homme, ce dont je doute pour la partie à tout jamais cachée dans ce que j'ai appelé « l'anti-univers ». Enfin, pas tout à fait complètement cachée puisque tous les phénomènes quantiques que l'on observe sont peut-être les manifestations de la frange commune de celui-ci avec notre univers. L'écume ou la mousse quantique mérite bien son nom : que peut-il y avoir de l'autre côté du dioptre qu'elle nous cache si bien? L'avenir ne nous le

9 La particule de temps

dira peut-être jamais, me laissant pour toujours sur la frustration que je ressentais déjà quand j'étais étudiant.

Le graviton est une particule élémentaire hypothétique vectrice de l'interaction gravitationnelle. De masse nulle, neutre électriquement, cette particule serait l'équivalent du photon dans une théorie encore inexistante de la gravité quantique. Son échange entre deux particules massives exprimerait l'attraction universelle. Les propriétés de la gravitation impliquent que le graviton soit une particule tensorielle, c'est-à-dire qu'il ait un moment angulaire intrinsèque (ou spin) égal à h/π, soit le double de celui du photon. La détection du graviton est un défi à l'imagination.

(Encyclopædia Universalis)

Le tempino est une particule élémentaire hypothétique vectrice de l'interaction temporelle. De masse nulle et neutre électriquement, le tempino serait l'antiparticule du graviton dans une théorie encore inexistante du temps quantique. Son échange entre deux particules massives exprimerait la flèche du temps. La détection du tempino est un défi suprême à l'imagination.

(dictionnaire personnel)

9 La particule de temps

Postface

Notre univers et son anti-univers
(Anges et démons par Escher)

Postface

Après lecture de ce livre qui peut paraître un peu abscons pour des non-physiciens -qu'ils veuillent bien m'en excuser- certains me demandent : pourquoi l'existence de cette particule de temps n'a-t-elle jamais pu être mise en évidence ? La réponse est triviale : on ne l'a pas trouvée pour la simple raison qu'on ne l'a jamais recherchée ! Son existence n'a jamais été envisagée sérieusement et est encore plus hypothétique que le graviton qui, lui, a eu la chance d'apparaître dans certaines théories et fait du coup l'objet de recherches dans plusieurs pays depuis des décennies. Il faudra donc attendre une nouvelle théorie pour que l'on commence à s'intéresser vraiment au temps dans sa forme infinitésimale et remettre enfin du Δt dans tous nos calculs, alors que certains scientifiques, au contraire, essayent de l'éradiquer de nos équations, signe, peut-être, que son concept nous gêne ou est trop complexe pour faire l'objet d'une théorie.

Si une nouvelle théorie sur le temps se fait toujours attendre, les choses semblent cependant progresser doucement. Depuis la première parution de mon ouvrage en 2015, j'ai pu constater en effet quelques évolutions qui m'ont rassuré. Tout d'abord le nombre de publications, de sites internet, de forums et de blogs qui traitent sérieusement et scientifiquement du temps se sont très largement multipliés, preuve que des jeunes – et des moins jeunes- s'intéressent beaucoup à la question. J'ai vu aussi, à ma plus grande surprise, que le terme de « chronon » qui ne désignait jusqu'à présent que la durée minimale mesurable, a gagné le statut de particule de temps ! Wikipédia définit maintenant le chronon comme une « particule hypothétique proposée pour désigner un quantum de temps ». Je n'ai pas réussi à savoir qui a fait cette proposition mais elle va dans le bon sens. Enfin une information m'a réjoui : la réalisation en 2016 d'un « cristal de temps » par des physiciens. Ils ont réussi à organiser des atomes dans un réseau cristallin capables de retrouver périodiquement une même configuration de spins. Autrement dit ce sont des atomes qui font la preuve de leur capacité à gérer le temps. J'aborderai plus en détail ce point dans mon prochain ouvrage à paraître.

Postface

L'absence de théorie sur le temps est d'autant plus désolante qu'il est omniprésent dans l'univers, au même titre que l'espace et l'énergie. Et de même que le vide n'est pas vraiment vide, on peut dire que le temps a toujours existé au point que la question de ce qu'il y avait avant le Big Bang ne devrait pas se poser : il y avait forcément quelque chose avant puisque le néant total n'existe pas et n'est qu'une conception de l'esprit humain. Ce qui signifie que l'univers a toujours existé et continuera à se perpétuer, sans fin ni commencement. Finalement, nous avons l'éternité sous nos yeux, sans même nous en rendre compte ...

Des lecteurs perspicaces m'ont fait remarquer aussi que je donne des arguments pour rejeter l'existence du hasard et de Dieu. C'est tout à fait vrai pour le premier, mais faux pour le second. Le hasard, pour commencer, même si on arrive à le dominer plus ou moins à grand renfort de statistiques et de probabilités, n'est jamais qu'une invention humaine créée pour désigner quelque chose qui échappe à notre compréhension ou notre contrôle, une chose à laquelle on n'arrive pas à donner une explication rationnelle. Cela ne signifie pas pour autant que cette explication n'existe pas : elle est seulement hors de portée de nos petits neurones et risque de le rester tout au long de la courte existence de l'humanité, aussi aidée soit-elle par toutes sortes de super ordinateurs, quantiques ou non. Le hasard, pour moi, n'existe donc pas à l'échelle de notre univers ; tout y est déterministe -ce qui n'a jamais voulu dire déterminable-, mais l'Homme restera définitivement incapable d'en trouver les règles. C'est ce que Heisenberg et Planck ont réussi à nous démontrer en prouvant que nos mesures et observations ne pourront jamais aller au-delà de certaines limites ou d'un certain mur. Mais ce n'est pas parce qu'il y a un flou irréductible sur nos observations que telle ou telle particule, aussi quantique soit-elle, ne peut pas occuper une position bien déterminée dans l'espace-temps. Si un photon ou un électron peut arriver à passer par deux fentes légèrement espacées sans se dissocier, cela signifie peut-être qu'il est dans un espace-temps différent du nôtre, pourquoi pas intriqué avec une particule de temps ou un graviton ? Sa position à un instant donné est bien inscrite quelque part dans l'espace-temps, donc déterminée tout en restant indéterminable. Il faut savoir aussi que déterminisme n'est pas antinomique de nouveauté, loin de là. Le déterminisme suppose seulement que des évènements passés sont capables d'expliquer tout évènement ultérieur, au moins avec la flèche du temps dans laquelle nous baignons, et n'empêche en rien la nouveauté totale ; un peu comme l'apparition de nouvelles molécules ou de nouvelles espèces sur la Terre qui n'existaient pas dans le passé, mais dont la survenue était inscrite dans la génétique, l'épigénétique et les phénomènes de mutation, sans qu'il soit possible de la prévoir scientifiquement.

Le formalisme quantique est un excellent outil de prédiction qui, malheureusement, n'explique pas grand chose ; un peu comme les formules utilisées par les anciens canonniers qui leur permettaient de calculer avec une grande précision le point d'impact des obus (formule qui fait d'ailleurs appel au temps, mais dans laquelle g n'est qu'une constante) sans apporter la moindre explication sur ce qu'est la gravitation. Indéterminisme et probabilités ne font finalement que traduire et mesurer l'ampleur de notre méconnaissance de phénomènes qui dépassent notre entendement. Il est intéressant de rappeler à ce sujet qu'Henri Poincaré a inventé la notion de « chaos déterministe », plus connue

Postface

sous le nom d'effet d'aile de papillon et précédemment évoquée au chapitre 6 : il n'y a pas plus déterministe que les lois de Newton -qui sont déjà pourtant une simplification de la réalité- mais elles sont capables de générer des situations hautement improbables et tout à fait imprévisibles, donc de provoquer des situations que l'on pourrait attribuer au seul hasard, y compris dans des mouvements aussi réglés que celui d'un pendule ou des trajectoires orbitales de trois astres. La machine de Turing, un appareil très simple qui génère uniquement des 0 et des 1 à partir d'un algorithme court qui constitue son programme, en est aussi une illustration. Au bout d'un certain temps de fonctionnement, ses résultats entièrement calculés peuvent devenir apparemment chaotiques et impossibles à prévoir, au point que l'on peut s'en servir pour générer des nombres aléatoires, pseudo-aléatoires plus exactement ! Comme quoi le hasard peut très bien avoir une origine déterministe et cacher un formalisme ou avoir des causes on ne peut plus rationnelles, tout en étant capable de créer de la nouveauté : une configuration inédite, une nouvelle molécule, une nouvelle séquence ADN, etc. Avec la physique quantique on semble aller au-delà de ce pseudo-aléatoire du fait que sa théorie la plus répandue ne respecte pas les fameuses inégalités de Bell : certains appellent cela le « vrai hasard », reconnaissant ainsi implicitement que le hasard non quantique ou « ordinaire » n'est pas si hasardeux que cela et a une bonne dose de déterminisme.

Certains physiciens vont jusqu'à parler de libre arbitre des particules quantiques, mais ne serait-ce pas là encore un aveu d'incompréhension totale des phénomènes sous-jacents ? Je pense, au fond de moi-même, qu'il est tout aussi infondé de parler de libre arbitre d'une particule que de celui de la nature ou de l'Homme : ce libre arbitre n'est qu'un faux-semblant, une sorte de justification rassurante. Déjà dans les années 1970 Benjamin Libet (1916-2007), « prix Nobel virtuel de psychologie », avait réussi à démontrer par des expériences sur l'homme que la conscience d'une décision est postérieure à l'évènement qui la déclenche quelque part dans son cerveau ; il en conclut que le libre arbitre humain n'est qu'une illusion ou un leurre. En poussant plus loin, si l'Homme pense et a l'impression que les particules aussi peuvent faire preuve d'un certain libre arbitre, c'est peut-être parce que la pensée humaine est, elle aussi, quantique : dès qu'une pensée se traduit par un acte observable, un geste, une parole, un écrit, une décision, elle entre alors dans le réel, décohérée en quelque sorte, tout comme la particule… C'est ce que commencent à percevoir de nos jours certains neuroscientifiques : les mécanismes du cerveau et de la formation de nos pensées s'apparentent de plus en plus à des phénomènes quantiques. (28)

Quant à l'existence de Dieu, c'est une question que j'ai volontairement écartée pour les raisons déjà expliquées, mais il n'empêche que je suis profondément croyant et rien de ce que j'ai écrit ne prêche à l'encontre de son existence, au contraire. Sur ce point, je rejoins tout à fait Max Planck qui affirmait que la religion et la science parlent de la même chose : la connaissance de l'être suprême. Je pense seulement que Dieu n'est pas cet auguste vieillard à la barbe blanche que l'on représente un peu partout dans nos églises et divers lieux de culte, qu'il n'a pas créé la Terre en six jours et n'a peut-être pas fait l'Homme à son image au sens où on l'entend habituellement. Fort de cela, Dieu, pour moi, est l'entité ou la force qui régit l'Univers dans son intégralité, plus exactement l'ensemble des univers pour tenir compte de l'hypothèse de l'anti-univers ou des multivers.

Postface

Cette approche entraîne aussitôt deux corollaires :

1. L'éternité de Dieu et celle de l'Univers sont indissolublement liées, et ne connaissent donc ni commencement ni fin. Ce concept heurte l'entendement humain qui n'arrive pas à concevoir quelque chose sans vouloir aussitôt en percevoir les limites.

2. L'Homme, en tant que partie de cet Univers, aussi infime soit-elle, est donc ipso facto une création de Dieu, on peut dire une partie de Dieu. L'Homme serait en quelque sorte un pixel de l'image de Dieu !

Et la résurrection dans tout cela ? Bien évidemment pas « en chair et en os» comme voudrait le faire croire le Credo dans sa version de Nicée au 7ème siècle -qui conduirait à imaginer une innombrable assemblée céleste d'augustes vieillards ponctuée ça-et-là de quelques jeunesses tristement interrompues !-, mais sous une autre forme impossible à imaginer, peut-être quelque part dans un autre univers. Les informations que constituent nos corps et nos consciences ne se perdent pas complètement, la mort pas plus que les trous noirs ne peuvent être des créateurs de néant, puisqu'il n'y a pas de néant comme je viens de le dire (le débat scientifique continue aujourd'hui à faire rage pour savoir si les informations contenues dans un trou noir s'évaporent définitivement avec lui). Les informations que nos corps ont contenues « de leur vivant » pourraient très bien se retrouver sous une forme différente qui nous échappe complètement et même donner naissance à une recombinaison d'un autre « moi ».

Postface

Pour revenir sur le faux problème du déterminisme, l'Univers est fondamentalement déterministe (la volonté de Dieu ?), en ce sens que tout évènement, y compris notre propre vie, est déterminé par ce qui s'est passé jusqu'à son avènement ou sa création ; mais il faut aussi aller chercher certaines causes dans le futur puisqu'il y a des particules capables d'agir sur leur passé ! Sans oublier non plus que le déterminisme n'exclut pas la nouveauté comme je l'ai dit. Le problème tient à ce que le nombre de paramètres à prendre en compte est à l'échelle de l'Univers, donc tellement colossal que l'Homme, lui-même partie intégrante de l'Univers, ne peut faire que des approximations et simplifications géniales qui lui permettront de trouver des « lois » et même de prédire un peu l'avenir, tout le reste étant rejeté dans des limbes qu'il baptise indéterminisme ou hasard. On est en plein dans le dilemme de la physique quantique, lancé par l'école de Copenhague : elle décrit très bien les phénomènes en ce sens qu'elle est parfaitement capable de prévoir les résultats des mesures, mais elle n'a pas vocation (pas encore ?) à les interpréter, à décrire le « noumène ». L'Univers est déterministe mais une de ses étincelles que l'on appelle Humanité reste à jamais condamnée à subir sa part d'indéterminisme ou plus exactement d'indétermination, d'impossibilité à déterminer. Et dans l'incertitude, il n'y a que la foi qui sauve ! Tout ça pour dire que je crois dur comme fer à l'existence de Dieu, l'atome de fer étant l'élément le plus stable de l'univers…

Extraits d'auteurs & Bibliographie

(les numéros correspondent aux références citées dans le texte. Ces ouvrages sont abordables avec quelques connaissances scientifiques de base et ne sont pas trop techniques, mis à part le n°26 de Roger Penrose)

1. « Qu'est-ce que le temps ? Si personne ne me le demande, je sais ; dès qu'il s'agit de l'exprimer je ne le sais plus. » (Saint Augustin *Confessions* – livre XI, 14)
   « Mais ces deux temps -le passé et le futur- comment peut-on dire qu'ils sont, puisque le passé n'est plus et que le futur n'est pas encore ? Quant au présent, s'il restait toujours présent sans se transformer en passé, il cesserait d'être temps pour être éternité. » (Saint Augustin *ibidem*)
   « Il n'y avait pas de temps avant la création de l'Univers, puisque le temps n'est qu'une propriété de l'Univers. (…) Il ne peut y avoir de temps vide, de temps sans monde dans lequel se déployer. » (Saint Augustin 354-430)

2. « Cours du temps et flèche du temps sont deux choses distinctes pour la physique contemporaine : l'irréversibilité des phénomènes ne provient pas de l'irréversibilité du temps, et vice-versa. » (Etienne Klein *le facteur temps ne sonne jamais deux fois* – Flammarion 2007)

3. « Max Planck fut le premier à faire cette remarque capitale : confondre cours et flèche du temps, c'est très exactement confondre le premier (conservation de l'énergie) et le deuxième (évolution ou "pente" des systèmes physiques au cours du temps) principe de la thermodynamique. » (Etienne Klein *ibidem*)

Bibliographie

4. « La gravitation joue un rôle fondamental dans l'émergence d'une flèche du temps. En effet, elle conduit nécessairement à une instabilité qui impose les conditions de déséquilibre qui conduisent à une augmentation de l'entropie. » (Gabriel Chardin *Qu'est-ce que la flèche du temps ?* – Les petites pommes du savoir 2007*)*

5. « On a parlé d'une "flèche historique", à côté de la flèche thermodynamique et de la flèche cosmique du temps. Que ces trois flèches pointent dans la même direction doit retenir notre attention. N'y aurait-il pas une seule flèche, celle à laquelle obéit la nature, qui a présidé à sa naissance, qui guide son évolution et qui se révèle à la conscience, notamment à la conscience humaine ? » (Hervé Barreau *Le temps* - Collection Que sais-je 2005*)*

6. « Le proton est très probablement instable, et bien que l'on n'ait pas encore observé cette désintégration, malgré de considérables efforts expérimentaux, nous sommes assez confiants quant à l'existence de cette voie de passage entre matière et antimatière. 10^{34} ans est la durée de vie estimée des protons dans les théories d'unification des interactions car ces théories montrent que les particules de matière comme le proton finiront par se désintégrer en positrons (les antiparticules de l'électron) et particules instables. Au bout de quelques dizaines de durée de vie, soit environ 10^{36} ans, la matière nucléaire aura presque complètement disparu, laissant la place aux rares produits de désintégration non annihilés immédiatement avec la matière environnante. Au-delà de cette époque, on ne voit pas très bien

Bibliographie

comment une civilisation, aussi avancée soit-elle, pourrait encore survivre dans un tel plasma extrêmement ténu d'électrons, de positrons et de neutrinos, alors que toute matière nucléaire a disparu. Plus aucune planète ni étoile ne survit en effet dans cet univers où les seuls systèmes atomiques sont constitués d'électrons et de positrons issus de la désintégration de la matière. (...) C'est alors la fin de la matière, si l'on excepte le sort des trous noirs supermassifs. » (Gabriel Chardin *Qu'est-ce que la flèche du temps ?* – Les petites pommes du savoir 2007)

Rappel : l'âge de notre univers a à peine dépassé 10^{10} années !

7. « Notre hémisphère gauche rattache les uns aux autres, selon un ordre chronologique, les instants. (...) En retraçant l'évolution au fil du temps de ce qui a caractérisé un instant ou un autre, notre hémisphère gauche nous donne une idée du passé, du présent et du futur. » (Dr Jill Bolte Taylor *Voyage au-delà de mon cerveau* – J'ai Lu 2013)

8. « Tout comme l'espace, le temps devient une notion relationnelle. Il n'exprime qu'une relation entre les différents états des choses. Il s'agit d'un changement simple, mais sur le plan conceptuel c'est un pas de géant. Nous devons apprendre à penser le monde non comme quelque chose qui évolue dans le temps, mais d'une autre façon. Au niveau fondamental, il n'y a pas de temps. » (Carlo Rovelli *Et si le temps n'existait pas ?* – Dunod 2014)

9. « Le temps est-il une illusion ? » (titre du numéro spécial « Pour la science » n° 397, novembre 2010)

10. « Nos équations nous permettent de situer à 10^{-43} seconde l'âge avant lequel les notions d'espace, de temps et de température n'avaient sans doute pas vraiment de sens. Parler ainsi des instants qui précéderaient ce temps ridiculement petit est sans doute vide de sens. » (Gabriel Chardin *Antimatière, la matière qui remonte le temps* – Diffusion Belin poche 2006)

11. « Stephen Hawking et Jim Hartle ont tenté de mettre en équation (…) le comportement quantique de l'ensemble de l'univers. (…) Cette approche induit une difficulté : elle nécessite de poser, *a priori*, toutes les histoires de l'univers. Elle se heurte donc inévitablement à la question du commencement. Ils parviennent à s'en libérer par un tour de passe-passe mathématique d'une grande habileté : ils imaginent que le temps est dénué de bord, un peu à la manière d'une sphère. » (Jacques Léon *A la recherche de l'espace et du temps perdus* – Ellipses 2006)

12. « La nature du temps fournit un autre exemple de domaine où nos théories physiques déterminent notre concept de la réalité. Jadis, on tenait pour évident que le temps s'écoulait éternellement, indépendamment de ce qui arrivait ; mais la théorie de la relativité a combiné le temps et l'espace ; elle a affirmé que tous deux peuvent être gauchis ou distordus par la matière et l'énergie présents dans l'Univers. Notre perception de la nature du temps a donc changé : d'un temps indépendant de l'Univers, nous sommes passés à un temps formé par celui-ci. Il est alors devenu imaginable que le temps ne

Bibliographie

puisse simplement plus être défini en-deçà d'un certain point ; en remontant le temps, on se heurterait à une barrière insurmontable, à une singularité, au-delà de laquelle il serait impossible de passer. Si tel était le cas, il ne rimerait à rien de se demander qui ou quoi a causé ou créé le big bang. » (Stephen Hawking *Trous noirs et bébés univers* – Odile Jacob poches 1994)

13. « Au cours des trois dernières décennies, les théoriciens ont proposé au moins une douzaine d'approches nouvelles. Chacune a été motivée par une hypothèse qui paraissait plausible, mais aucune n'a finalement eu de succès. Dans le domaine de la physique des particules, parmi ces approches nouvelles, se trouvent la technicouleur, les modèles de préons et la supersymétrie. Dans le domaine des théories de l'espace-temps, on trouve la théorie des twisteurs, les ensembles causaux, la supergravité, les triangulations dynamiques et la gravitation quantique à boucles. Quelques-unes de ces théories se révèlent aussi exotiques que leurs noms le suggèrent.
Une théorie particulière a attiré l'attention plus que toutes les autres : il s'agit de la théorie des cordes. Les raisons de sa popularité ne sont pas difficiles à comprendre. Elle prétend expliquer correctement à la fois le très grand et le très petit : la gravité et les particules élémentaires, et pour atteindre ce but, elle fait l'hypothèse la plus audacieuse de toutes : elle postule que le monde contient des dimensions non encore observées et beaucoup plus de particules que nous n'en connaissons aujourd'hui. En même temps la théorie des cordes affirme que toutes les particules élémentaires apparaissent comme les vibrations d'une seule entité, une corde, qui obéit à

des lois simples et élégantes. La théorie des cordes se présente comme la seule théorie qui unifie *toutes* les particules et *toutes* les forces de la nature. En cette qualité, elle promet des prédictions compréhensibles et univoques pour toutes les expériences déjà réalisées ou non encore réalisées. Beaucoup d'efforts ont été consentis pour valider la théorie des cordes au cours des vingt dernières années, mais nous ne savons toujours pas si elle est vraie ou pas. Malgré de nombreux travaux, la théorie n'a pas fait de prédictions nouvelles qui seraient vérifiables par une expérience réalisable aujourd'hui, ou même par une expérience que l'on pourrait concevoir à terme. Ses quelques prédictions compréhensibles ont déjà été faites par d'autres théories déjà acceptées. » (Lee Smolin *Rien ne va plus en physique* – Dunod 2007)

14. « Le temps de Planck, qui vaut environ 10^{-44} seconde, peut effectivement être considéré comme une limite à la divisibilité du temps. Cette échelle de temps est totalement inaccessible à l'expérience, mais elle représente une limite du domaine d'application du modèle cosmologique standard, un nouvel horizon que la théorie va s'efforcer de faire bouger. Le modèle du Big Bang est fondé sur la relativité générale, une théorie classique (non quantique) de la gravitation. Le Big Bang apparaît comme une singularité, un évènement ponctuel spatio-temporel où la température et la densité d'énergie deviennent infinies. Cette singularité est un échec de la théorie classique de la gravitation. Mais cet échec n'est pas une surprise : on sait que si, par la théorie, on essaie de remonter le temps vers l'instant du Big Bang, on ne pourra plus faire confiance à la théorie classique quand le temps nous

séparant du Big Bang sera de l'ordre du temps de Planck ; il faudra alors tenir compte des effets quantiques, ce que l'on ne sait pas faire dans l'état actuel de la théorie. Le temps de Planck apparaît donc comme un "quantum" de temps, le temps minimal nécessaire à un "Big Bang créant l'univers". La théorie de la supercorde se donne précisément pour objectif d'explorer ce nouveau domaine de la physique quantique. » (Gilles Cohen-Tannoudji *Les constantes universelles* – Hachette Littératures 2003)

15. « Il est plus que probable que tôt ou tard au cours du prochain siècle, sans doute plus tôt que plus tard, un physicien inspiré découvrira les lois de la gravité quantique et nous les dévoilera dans leurs détails intimes. Avec en main ces lois de la gravité quantique, on pourra déterminer comment l'univers est né, comment il a émergé de la mousse et de l'écume quantique de la singularité du Big Bang. Nous comprendrons peut-être ce que nous voulons dire quand nous répondons que la question si souvent posée : " Qu'y avait-il avant le Big Bang ? " n'a pas de sens. Nous apprendrons peut-être si vraiment l'écume quantique produit facilement de nombreux univers, les détails complets de la façon dont l'univers est détruit à la singularité centrale d'un trou noir ou du big crunch, si -et si oui, où et comment- l'univers est créé de nouveau. Nous apprendrons peut-être aussi si les lois de la gravité quantique autorisent ou interdisent les machines à remonter le temps : doivent-elles s'autodétruire au moment même où elles sont activées ? » (Kip S. Thorne *Trous noirs et distorsions du temps* Flammarion 1997)

Bibliographie

16. Au sujet du positron : « Certes les physiciens sont loin d'être unanimes à admettre cette remontée dans le temps. Mais, comme nous l'avons vu, elle est affirmée par des physiciens aussi importants que Richard Feynman, prix Nobel de physique, et considérée au moins comme plausible par des physiciens aussi importants que Kastler, lui aussi prix Nobel de physique. Et, en ce qui concerne les expériences d'Aspect, les physiciens qui n'admettent pas une remontée dans le temps, admettent une non-séparabilité spatiale, ce qui pose, au niveau spatial, les mêmes problèmes conceptuels que la remontée dans le temps au niveau temporel. » (Francis Kaplan *L'irréalité du temps et de l'espace* – Les éditions du Cerf 2004)

17. « Dans sa théorie de la relativité restreinte, Einstein, prenant acte de l'invariance de la vitesse de la lumière (et sans connaître, semble-t-il, l'expérience de Michelson - Morley), montra que cette invariance remettait en question la simultanéité de deux évènements séparés dans l'espace : par exemple, s'ils se produisent au même instant pour un observateur terrestre, ils se produiront à des instants différents pour un observateur extragalactique qui regarde passer le système solaire. C'est inconcevable en mécanique classique. Avec la déconstruction de la simultanéité, la notion de temps absolu disparaît. Le temps est comme "privatisé". Le temps local, devenu "temps propre" s'impose. » (Jean-Louis Bobin *Quelle est la vraie vitesse de la lumière ?* - Les petites pommes du savoir 2004)

18. « La physique des particules nous apprend que l'antimatière est "la matière qui remonte le temps". Or les masses négatives, nécessaires dans la relativité

Bibliographie

générale, à la construction des machines à voyager dans le temps pourraient n'être rien d'autre que de l'antimatière. Les deux mondes imaginés par Larry Schulman, chacun ayant un temps s'écoulant en sens inverse l'un de l'autre, seraient alors réalisés par les mondes de matière et d'antimatière de notre univers. Voilà qui permettrait d'expliquer simplement pourquoi galaxies et antigalaxies se repoussent et donnent à l'univers l'accélération de l'expansion que l'on a découverte avec surprise en 1998. » (Gabriel Chardin *Peut-on voyager dans le temps ?* - Les petites pommes du savoir 2004)

19. « La question du temps en mécanique quantique est devenue une pierre de touche. C'est là qu'on peut évaluer la valeur d'une théorie. Et, pour l'instant, on peut dire que, dans le domaine de la physique, l'histoire ne dépend sans doute pas seulement du passé : elle peut aussi être influencée par le futur. On peut également associer cette constatation aux étranges corrélations entre des particules apparemment séparées dans l'espace, toutes chose vérifiées dans l'expérience d'Alain Aspect et dans celles qui ont suivi, et qui font dire à certains qu'en fait l'univers est "non local". On est alors conduit à se demander si nous ne tentons pas d'appliquer les notions d' "espace" et de "temps" à une réalité ultime qui les ignore. » (Sven Ortoli et Jean-Pierre Pharabod *Métaphysique quantique* – La découverte 2011)

20. « Que se passe-t-il lorsque l'étoile est si gigantesque que la vitesse de libération est supérieure à celle de la lumière ? La réponse est simple : la lumière ne peut plus s'en échapper. Une telle éventualité fut imaginée en 1783 par John Michell, professeur à

l'Université de Cambridge, puis elle fut reprise et formalisée mathématiquement par Pierre Laplace, mathématicien et physicien français, en 1798. Michell avait appelé un tel astre *dark star* (étoile sombre). Laplace, quant à lui, le baptisa *astre obscur*. Le physicien américain John Wheeler proposa en 1967 le nom imagé de *trou noir* (*black hole* en anglais). » (Jacques Léon *A la recherche de l'espace et du temps perdus* – Ellipses 2006)

21. « Ce fut Minkowski qui annonça au monde que l'espace et le temps devaient s'unir en un seul espace-temps à quatre dimensions. Selon cette perspective à quatre dimensions, si les lois de la physique peuvent varier d'un point de l'espace à un autre, elles doivent aussi pouvoir varier avec le temps. Il y a des choses qui peuvent modifier, brusquement ou graduellement, toutes les règles normales –y compris la loi de la gravitation. » (Leonard Susskind *Le paysage cosmique* – Robert Laffont 2007)

22. « Il ne fait aucun doute que d'autres surprises nous attendent, encore plus grandes, dans notre recherche d'une compréhension complète et mathématiquement abordable des supercordes. D'ores et déjà, l'étude de la théorie M nous a offert un aperçu d'un domaine étrange et nouveau tapi sous la longueur de Planck ; un domaine où il pourrait n'exister ni notion d'espace ni notion de temps. » (Brian Greene *L'univers élégant* – Robert Laffont 2000 et Folio essais 2006. Voir aussi, du même auteur, sa mise à jour récente sur la théorie des cordes et les univers parallèles *La réalité cachée* – Robert Laffont 2012).

Bibliographie

Nota : la théorie M a été énoncée pour la première fois en 1995 pour chercher à unifier en une seule les cinq théories des cordes déjà existantes.

23. « Max Born avait un point de vue différent sur les équations de Schrödinger. Il y voyait des ondes de probabilité. Nous aurons besoin plus loin de comprendre la philosophie moderne des probabilités, et pour cette raison (et par souci de clarté) je vais extrapoler son argument en utilisant la terminologie et des exemples modernes. (…) Monty Hall, ce célèbre animateur d'un jeu télévisé, vous montre trois boîtes et vous explique les règles :
"L'une de ces boîtes contient un million de dollars, les deux autres sont vides, et je vous demande d'en choisir une. Votre choix fait, pour faire durer le suspense, je vais ouvrir l'une des deux autres boîtes et montrer qu'elle est vide, bien sûr, et jamais celle sur laquelle vous aurez porté votre choix. Cela fait, je vous donnerai la possibilité soit de conserver votre premier choix, soit d'en changer pour l'autre boîte fermée. J'ouvrirai alors celle que vous aurez choisie et si elle contient un million de dollars, ils seront à vous."
Le jeu commence et vous choisissez la boîte de gauche. L'animateur ouvre celle de droite et montre qu'elle est vide. La question à un million de dollars qui se pose alors à vous est la suivante : " Dois-je changer mon choix pour la boîte du milieu ? Ou bien cela ne changera-t-il rien à mes chances de gagner ?"
La plupart des gens, y compris parmi les physiciens et les mathématiciens, raisonnent mal lorsqu'ils rencontrent ce problème pour la première fois et suivent la ligne suivante : " Que la boîte du milieu contienne ou non l'argent ne peut pas être modifié

par toute cette intrigue. Il n'existe donc pas de raison rationnelle pour changer mon choix : il y a deux boîtes fermées, et donc autant de chances que l'argent soit dans l'une ou dans l'autre."
Mais ils se trompent du tout au tout. En effet, si la situation physique n'a pas changé, votre degré d'ignorance a été réduit, et cela rend tout à fait rationnel de modifier votre choix. Vous n'avez toujours pas plus d'informations sur la présence ou non de l'argent dans la boîte de gauche, celle que vous avez choisie au départ. Il y a toujours une chance sur trois qu'elle contienne cet argent, comme au début du jeu. En revanche, si vous vous êtes trompé et que l'argent se trouve dans l'une des deux autres boîtes, vous savez maintenant de laquelle il s'agit. Il y a deux chances sur trois pour que vous vous soyez trompé au départ, et, si vous vous êtes trompé, l'argent se trouve dans la boîte du milieu. Vous doublez donc vos chances de gain en reconsidérant votre choix initial. Ainsi, un changement dans l'état de vos connaissances sur l'univers, comme lorsque vous effectuez une mesure sur un système quantique, peut modifier vos attentes ultérieures quant aux résultats probables des mesures suivantes. Il pourrait sembler, à un œil naïf, que l'acquisition d'une connaissance sur un système modifie concrètement ce système. Les invités de l'émission de Monty Hall pourraient imaginer à tort, quand ils découvrent que changer leur choix initial double leur probabilité de gain, que cela signifie que l'argent saute parfois d'une boîte à l'autre à l'ouverture d'une autre boîte. » (Colin Bruce *Les lapins de M. Schrödinger* – Edition Le Pommier Diffusion Belin 2006)

Bibliographie

24. « Les paradoxes du chat de Schrödinger et de l'ami de Wigner nous ont permis de voir que deux interprétations de la physique quantique s'opposent durement. L'une fait jouer un rôle principal à l'observateur, et plus précisément à sa conscience et à son esprit : c'est ce que nous avons appelé "l'idéalisme quantique" ; cette interprétation est très minoritaire, mais a été soutenue par des physiciens prestigieux. Poussée à l'extrême cette position peut amener à des considérations pour le moins angoissantes : le monde matériel n'existerait pas indépendamment de l'observateur... L'autre interprétation, plus répandue, ne fait jouer aucun rôle à l'esprit : c'est le "matérialisme quantique" (les physiciens qui la soutiennent préfèrent l'appellation de "réalisme"). Il existe deux autres interprétations, mais qui en fait se définissent par rapport aux deux premières : "l'opérationalisme" de l'Ecole de Copenhague, nettement majoritaire, qui refuse de choisir et soutient que le problème n'a pas de sens ; et le "syncrétisme" qui tente la synthèse du matérialisme et de l'idéalisme en postulant l'existence d'une réalité plus profonde dont matière et esprit ne seraient que deux aspects complémentaires. (...) C'est dans cette direction que vont aussi bien David Bohm, partisan d'une théorie à "variables cachées non locales", que d'autres physiciens qui s'en tiennent strictement à la théorie quantique, tels Fritjof Capra aux Etats-Unis et Bernard d'Espagnat en France, ce dernier étant cependant très proche de l'idéalisme. » (Sven Ortoli et Jean-Pierre Pharabod *Le cantique des quantiques* – La découverte 2007)

25. « Le fleuve Héraclite s'écoule majestueusement dans l'espace-temps, comme n'importe quel fleuve, à

ceci près qu'il est immense, plus large que les embouchures réunies du Yang Tsé et du Mississippi. En outre, il est tellement tumultueux qu'une couche d'embruns et de vapeur d'eau s'étend en permanence sur plus de cent mètres au-dessus des flots. Quiconque, sur l'une ou l'autre rive, observe le spectacle familier de l'Héraclite ne voit rien que ce matelas cotonneux d'où se font parfois entendre les cris des créatures qui hantent ce territoire -notes aigües perçant le vacarme des flots- sans que l'on sache avec certitude si celles-ci procèdent d'un monde aérien ou aquatique. D'un côté et de l'autre du fleuve, on a son opinion. Sur la rive occidentale, les chasseurs ont coutume de partir en canoë, leurs arcs à portée de main sur le banc de nage, pour traquer les proies qui surgiraient, éclair blanc dans la brume blanche. Faisant preuve d'une habileté incroyable, ils les tirent au jugé, se fiant, assurent-ils, au bruissement de leurs ailes. Selon leurs dires, le gibier rapporté appartient sans conteste au monde aérien, comme en témoignent le plumage de leur proie, leur bec, leurs ailes bien marquées.
Sur la rive orientale, les pêcheurs partent en flottille mouiller leurs filets, y remontant souvent des créatures frétillantes, dont les écailles, jurent-ils, ont des couleurs incomparables, et dont les ouïes battent pitoyablement au contact de l'air. Preuve évidente, disent-ils avec condescendance, qu'on ne saurait les confondre avec de la volaille.
De part et d'autre du fleuve, les deux tribus ne s'aiment guère mais généralement s'ignorent, au motif qu'elles se rencontrent rarement ; excepté sur un chapelet d'ilots qui sert de zone franche et où s'exerce le troc.
Ce fut bien entendu sur l'un de ces ilots qu'une jeune chasseresse occidentale s'amouracha, et

réciproquement, d'un sémillant pêcheur oriental. Ils se rencontrèrent discrètement, soigneusement cachés dans des lambeaux de brume. L'un apprit à l'autre les secrets de son art. Le pêcheur se mit à chasser, la chasseresse à pêcher. Mais, les habitudes étant difficiles à perdre, il arriva que le pêcheur braque son arc vers le fond du fleuve et que la chasseresse lance son filet vers le ciel. Chose curieuse, remarquèrent-ils, cela ne les empêche pas d'attraper des poissons avec le filet et des oiseaux avec l'arc. Mystère dont ils se gardèrent bien de parler à leurs familles respectives, de peur que leur liaison soit démasquée.

Les mystérieux animaux de cette petite histoire ne peuvent être décrits que lorsqu'on les capture, et leur nature dépend de l'instrument qui sert à les capturer. De même, les entités quantiques ne peuvent être décrites que lorsqu'on les soumet à un type d'expérience qui les force à se manifester comme un corpuscule, ou à un autre type d'expérience qui les oblige à apparaître comme une onde. » (Sven Ortoli et Jean-Pierre Pharabod *Métaphysique quantique* – La découverte 2011)

26. « On a parfois avancé que l'existence du deuxième principe ne présente aucun mystère, car notre expérience du passage du temps dépend d'une entropie croissante qui est partie prenante de ce qui constitue notre sentiment conscient de l'écoulement du temps ; et donc, quel que soit le sens apparent du temps pour nous, le "futur" doit correspondre à cette direction vers laquelle l'entropie s'accroît. D'après cet argument, si l'entropie décroissait selon un certain paramètre *t* décrivant le temps, alors notre sentiment conscient de l'écoulement temporel nous projetterait dans la direction inverse, de sorte à considérer les

petites valeurs de l'entropie comme appartenant à ce que nous pensons être notre "futur" et les grandes comme faisant partie de notre passé. Nous devrions donc dans ce cas considérer le paramètre t comme l'opposé du temps normal afin de retrouver une entropie croissante dans ce que nous ressentons comme étant le temps futur. Ainsi, toujours selon cet argument, nos expériences psychologiques de l'écoulement du temps s'arrangent pour vérifier le deuxième principe, quel que soit le sens physique réel de la progression de l'entropie. » (Roger Penrose *Les cycles du temps* - Odile Jacob 2013)

27. « Pour être plus précis, je ne crois plus que le temps est irréel. En fait, j'ai adopté la vision exactement inverse : non seulement le temps est réel, mais rien de ce dont nous faisons l'expérience ou avons connaissance, ne saurait s'approcher plus près du cœur de la nature que la réalité du temps. Les raisons de mon volte-face se trouvent dans la science et, particulièrement, dans les développements contemporains de la physique et de la cosmologie. J'en suis venu à penser que le temps est la clef du sens de la théorie quantique et de son éventuelle unification avec l'espace, le temps, la gravité et la cosmologie. Plus important encore, je crois que pour rendre intelligible la vision de l'univers que les observations cosmologiques nous donnent, nous devons appréhender la réalité du temps d'une façon nouvelle. C'est ce que j'entends par renaissance du temps. » (Lee Smolin *La renaissance du temps* – Dunod 2014)

28. « Cette organisation [du cerveau] ressemble étrangement à celle de la mécanique quantique. En effet, celle-ci nous dit que la réalité est faite d'une

superposition de fonctions d'ondes qui gouvernent la probabilité de trouver une particule dans un certain état. Dès que nous tentons de mesurer cette réalité, les fonctions d'ondes s'effondrent et nos instruments ne détectent que des états discontinus, discrétisés, "tout-ou-rien". On ne voit jamais d'étranges mixtures telles que le fameux chat de Schrödinger, mi-mort et mi-vivant. Selon la théorie quantique, l'acte de mesure lui-même contraint les probabilités à s'effondrer dans un état déterminé (c'est le fameux "collapse de la fonction d'onde"). Or, les données que nous venons d'examiner montrent qu'un phénomène similaire survient dans le cerveau : le simple fait de prêter attention à un objet fait s'écrouler la distribution de probabilité de toutes ses interprétations possibles, et ne nous donnent à voir que l'une d'entre elles. La conscience se comporte comme un instrument de mesure qui discrétise le réel et ne nous donne à voir qu'un minuscule aperçu de la vaste étendue des calculs inconscients. » (Stanislas Dehaene *Le code de la conscience* – Odile Jacob 2014)

Sommaire

Sommaire

« Le plus grand ouvrier de la nature est le temps. »
Georges Louis Leclerc, comte de Buffon

« Le temps fait l'unité de la matière, sans le temps nous n'existerions pas. »
Réplique dans le film « Lucy » de Luc Besson (2014)

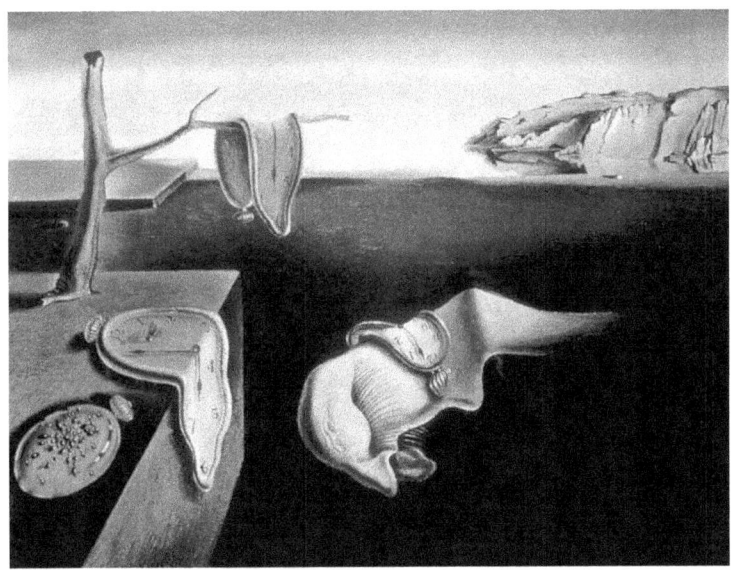

« La persistance de la mémoire » de Salvator Dali

Sommaire

Sommaire

		Page
Introduction		5
Chapitre 1	Le temps existe-t-il ou est-ce une création de l'esprit ? Quelle est sa nature profonde?	15
Chapitre 2	Le temps a-t-il un commencement et une fin ? Est-il indéfiniment divisible ?	29
Chapitre 3	Le temps est-il irréversible ? Est-il possible de voyager dans le temps ?	39
Chapitre 4	Le temps est-il le même partout et toujours? La vitesse de la lumière aussi ?	49
Chapitre 5	La seconde est-elle vraiment une constante ?	61
Chapitre 6	Peut-on mesurer le temps avec une précision toujours plus grande ?	69
Chapitre 7	Le temps est-il quantique ?	83
Chapitre 8	Le temps peut-il être négatif ?	97
Chapitre 9	La particule de temps	109
Postface		129
Extraits d'auteurs & bibliographie		137

Sommaire

Du même auteur :

Dans la série des échecs en folie
(Problèmes d'échecs amusants, non classiques)

- PREMIER CERCLE

- LE FOU D'ARGENT

- ÉCHEC AUX RÈGLES

Sur le temps et la mécanique quantique
(à paraître en 2000)

- LES 3 PLUS GRANDS MYSTERES
  DE LA PHYSIQUE

(Editeur BOD, sur le site www.bod.fr)

Sommaire

www.ingramcontent.com/pod-product-compliance
Lightning Source LLC
Chambersburg PA
CBHW050100230526
45470CB00004B/1616